고등학생을 위한 생명과학전공 가이드북

생명과학전공 탐색하기

Explore Biological Science Majors

저자 이진성

BIOSCIENCE (주)바이오사이언스출판

-고등학생을 위한 생명과학전공 가이드북-

생명과학전공 탐색하기

인　쇄: 2021년 9월 25일
발　행: 2021년 9월 30일
저　자: 이진성
발행인: 문정구
발행처: (주)바이오사이언스출판
본　사: 10860 경기도 파주시 탄현면 국화향길 10-56, 1동
서울 사무소: 06569 서울특별시 서초구 도구로 115, 1층(방배동)
전　화: (02)581-4057~8
팩　스: (02)581-4059
이메일: inquiry@biosciencepub.com
홈페이지: http://www.biobooks.co.kr
ISBN: 978-89-6824-122-2　93470
등록번호: 제22-3079호
값 9,000원

BIOSCIENCE (주)바이오사이언스출판

서문

전 세계적인 코로나19 대유행을 통해서 바이러스가 무엇이고 어떠한 생물인지, 특성은 어떤지 그리고 백신이 얼마나 중요한 지에 관한 이해도가 그 이전보다 훨씬 더 높아졌다. 생명과학의 대상이 바이러스, 백신이라고 보면 본서, '생명과학전공 탐색하기'에 대한 전체적인 내용을 짐작할 수 있을 것이다.

한편, 생명공학은 쓰임새, 가치를 제공하는 생명과학의 응용과학으로서 생명과학을 통해 밝혀진 기초이론과 기술 등을 포함하는 생명과학의 응용과학이자 공학이다. 따라서 생명과학과 생명공학은 한 배를 탄 과학이라고 볼 수 있다.

대학에서 생명과학 전공 또는 생명공학을 희망하거나 생각하고 있는 고등학생들을 위해 본서는 생명과학이 다루는 세부 전공과 분야를 이해하기 쉽게 설명하도록 노력하였다. 또한 앞서 설명한 생명과학이론과 기술에 가치를 더 해 사람들이 편리한 삶을 누리도록 해 주는 제품 또는 서비스를 제공하는 생명공학도 관련 세부 분야와 함께 최근의 이슈와 신기술을 정리, 구분해서 소개하여 이들 전공에 대한 이해도를 높이고자 하였다.

"고등학생들이 생명과학 그리고 관련 분야에 대해 얼마나 이해하고 있을까? 그리고 이 분야에 대한 직업과 직무 이해도는 어느 정도 될까?" 라는 궁금증에서 비롯된 이 책은 국내에서 처음으로 시도되는 고등학생 대상의 생명과학전공 가이드북이다. 최초이고 처음이기에 부족한 것도 많을 것이다. 앞으로 이 책이 명실상부한 고등학생 대상 생명과학전공 가이드북이 되도록 부족한 것은 채우고 보완할 것이며 새로운 내용은 지속적으로 추가해 나갈 것이다.

끝으로 본서의 출판을 흔쾌히 허락해 주신 도서출판 바이오사이언스의 문정구 대표이사님께 감사의 말씀을 드린다.

2021년 8월 4일

저자 **이진성**

저자 이진성

대전 유성에서 태어났다. 경기대학교 생물학과를 졸업하고, 성균관대학교와 단국대학교에서 유전공학 전공 그리고 지식재산학 전공으로 석사학위를 받았으며, 1999년 성균관대학교에서 유전공학 전공으로 박사학위를 취득하였다.

현재 경기대학교 바이오융합학부 교수로 재직중이다. 코아바이오시스템(주) 중앙연구소장, ㈜바이오닉스 상무이사, ㈜나래바이오테크 CTO, ㈜마이크로인사이트 대표이사, 한국학술진흥재단 CS경영자문위원, 농촌진흥청 중앙농업산학협동심의회 전문위원, 한국기술거래사회 부회장, 국제보완대체의학회 편집위원장을 역임하였고, 2012년부터는 중소벤처기업부의 바이오헬스케어분야에 대한 중소기업 기술로드맵 기획 전문가위원, 농식품부의 R&D 자문관 및 산업부의 기술기획평가단 최고위원으로, 2014년부터는 한국과학창의재단의 과학기술 진로컨설턴트로 활동하고 있다.

저역서로는 〈최신 생명공학의 이해〉, 〈생명의 신비〉, 〈약물 유전체학〉, 〈질병과 약물의 생명과학〉, 〈생명과학으로의 초대〉가 있다. 메타게놈을 이용한 산업용 효소개발, 유전체 정보를 활용한 질병의 신속진단 기술개발 분야의 전문가로 최근에는 바이오벤처기업의 지식재산과 기술혁신전략 그리고 기업가정신 분야를 개척 중이다.

차 례

01
생명과학이란?

생물학(biology)은 생물을 연구 대상으로 하는 자연과학이다. 생물학은 생물의 구조, 기능, 생장, 기원, 진화, 서식, 분류 등을 탐구한다. 현대 생물학은 카를 프리드리히 부르다흐, 고트프리드 라인홀트 트레비라누스, 장바티스트 라마르크와 같은 학자들에 의해 독립적인 학문으로서 자리잡았다.

[진화 대 창조]

생물학은 많은 하위 학문을 포괄하는 광대한 주제를 다루는 학문이다. 이 가운데 현대 생물학의 주요한 핵심 연구 분야는 세포 이론, 진화, 유전자, 에너지, 항상성 등을 들 수 있다. 생물학의 하위분야는 연구의 방법과 목적에 따라 나뉠 수 있는데, 예를 들어 생물에서 일어나는 화학적 현상을 연구하는 생화학, 분자 수준에서 일어나는 생명 현상을 탐구하는 분자생물학, 세포에서 일어나는 생명 현상을 다루는 세포생물학, 기관이나 조직을 연구대상으로 삼는 생리학, 환경에서 다양한 생물 개체들이 맺는 생물 대 환경 관계를 탐구하는 생태학 등이 있다.

생명과학에서는 생물의 특성과 분류에 따른 학명을 명명하는데 동물은 동물 학명 국제 코드에 따르며, 식물과 균류는 각각 식물 학명 국제 코드와 균류 학명 국제 코드를 따른다. 이외에 바이러스, 바이로이드, 프리온과 같은 바이러스성 유기체는 바이러스 분류 및 명명 국제 코드를 따르고 있다. 하지만 아직까지 분류되지 않은 많은 바이러스 종들이 존재한다.

1-1. 생명과학의 발전 과정

비록 오늘날의 생물학과는 다른 형태라 할지라도 생물에 대한 연구는 고대에서부터 있어왔다. 메소포타미아, 고대 이

집트, 고대 인도, 고대 중국과 같은 주요 고대문명에서는 일찍부터 자연철학이 발달하여 있었다. 이 가운데 현대 생물학의 연구 방법에 가장 많은 영향을 준 것은 고대 그리스였다. 히포크라테스는 의학의 일부로서 생물에 대한 연구를 진행하였고, 아리스토텔레스는 생물에 관한 다양한 기록을 남겼다. 특히 아리스토텔레스가 저술한 ≪동물의 역사≫와 그 밖의 저술에서 우리는 아리스토텔레스가 많은 생물들을 연구하였음을 확인할 수 있다.

아리스토텔레스의 뒤를 이어 아테네 학파를 계승한 테오프라스토스는 식물과 관련된 저술을 남겼으며 그의 책은 중세에 이르기까지 식물학에 지대한 영향을 끼쳤다. 이후 생물학은 중세 이슬람 의학자들에 의해 큰 발전을 이루었다. 아프리카계 아랍인 알자히즈(781~869년)가 동물학에 대한 저서를 남겼고, 쿠르드족이었던 알디나와리(828~896년)가 식물학 저서를 남겼으며, 페르시아의 알라지는 해부학과 생리학에 업적을 남겼다. 이들은 그리스의 철학에 바탕을 둔 생물학 이론을 발전시켰다. 특히 의학은 그리스 학자들의 전통을 충실히 계승하여 발전시켰다. 예를 들면 중세 이슬람 의학자들은 아리스토텔레스의 생각을 받아들여 생명 사이의 위계 질서를 당연히 여겼다.

근대에 이르러 안톤 판 레벤후크가 발명한 현미경을 통해서 생물학은 큰 발전을 할 수 있었다. 생물학자들은 현미경을 사용하여 그 동안 볼 수 없었던 정자, 세균, 원생동물과 같은

[코르크의 세포를 관찰]

작은 생물체를 관찰하게 되었다. 네덜란드의 얀 스왐메르담은 곤충을 연구하면서 미세 표본의 제작, 표본 염색법 등 오늘날 사용되는 현미경 관찰 기술들을 도입하였다. 현미경의 도입은 생물에 대한 생각 자체를 바꾸는 계기가 되었다.

19세기초 생물학자들은 현미경의 발달과 더블어 세포 자체에 대해 관심을 기울이기 시작하였다. 1838년과 1839년, 슐라이덴과 슈반은 1) 세포가 생물의 기초 단위이며 2) 독립된 세포 역시 생물이 갖는 모든 특징을 갖고 있고 3) 모든 세포는 다른 세포의 분열을 통해 만들어진다는 학설, 즉 세포설을 발표하였다. 이후 1860년대에 이르기까지 라마르크와 피르호의 연구에 힘입어 대부분의 생물학자들이 이러한 세포설을 인정하게 되었다.

[린네]

한편, 분류학 역시 큰 전환점을 맞게 되었는데 여기에는 린네의 공이 컸다. 린네는 1735년 기본적인 생물분류표를 작성하여 출간하였고, 1750년대에 자신의 만든 생물분류표에 있는 모든 생물 종에 생물학적 이름인 학명을 부여하였다. 또한, 뷔퐁은 분류학에 공통조상의 개

념을 도입하여 생물종이 하나의 공통조상에서 서로 분화하여 진화하였다는 학설을 제시하는 등 진화이론의 선구자였으며, 그의 연구와 업적은 라마르크와 다윈에게 많은 영향을 끼쳤다.

[다윈]

본격적인 진화이론을 최초로 제시한 학자는 라마르크이다. 그 후 다윈이 현대 진화이론을 성립하였다. 다윈은 훔볼트, 라이엘 등의 지질학 업적과 자신의 발견을 종합하여 자연선택에 따른 진화이론을 정립하였다. 한편 같은 시기의 생물학자 월리스 역시 독자적인 연구를 통해 자연선택에 따른 진화이론을 수립하였다.

19세기말 멘델은 유전의 법칙을 정리하여 유전학의 기초를 쌓았다. 그의 이론은 한동안 외면되었으나 20세기에 모간 등이 독자적인 실험을 수행하여 재발견되어 생물학자들의 인정을 받게 되었다. 이후, 1940년대에서 1950년대에 이르는 동안 집단유전학의 발달은 진화이론을 실험실 수준에서 관찰하는 성과를 이루게 되었다. 1953년 DNA가 발견된 이후 현대 생물학은 급속도로 발전하게 되었다. 1990년대에 이르러 생물학은 인간의 유전체 지도를 작성하기 시작하였고 2003년 마침내 완성하였다.

1-2. 생명과학의 기초 개념

현대 생물학의 기초를 이루는 개념은 세포 이론, 에너지, 항상성, 유전학, 진화 및 발생의 여섯 가지로 요약, 정리할 수 있다.

1-2-1 세포 이론

세포 이론에서는 세포를 생명의 기본 단위로 파악한다. 모

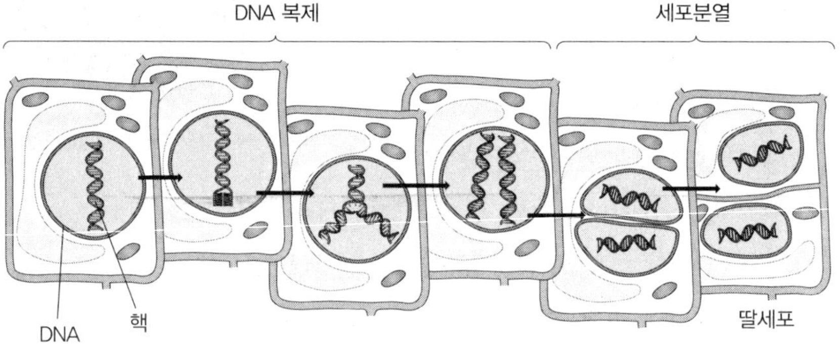

[DNA 복제와 세포분열]

든 세포는 세포 분열을 통해 다른 세포(모세포)에서 분리되어 나와 형성된다. 다세포 생물의 경우, 몸을 이루는 모든 세포는 단 하나의 세포로 이루어진 수정란(알)에서 출발한다. 세포는 생물의 물질대사가 일어나는 기본 단위이기도 하다. 모든 세포에는 그 생물의 완전한 DNA(genome, 유전체)가 들어있으며 이 DNA는 세포 분열과 함께 새로 형성된 세포로 전달(유전)된다.

1-2-2 에너지

생물은 살아가면서 끊임없이 에너지를 소비한다. 화학 반응에 의해 이루어지는 생체 내의 에너지 교환을 통해 생물은 몸의 구조와 기능을 유지하고 생장한다. 대부분의 생물은 태양에서 비롯된 에너지로 생명 활동을 한다. 태양에서 시작되어 먹이그물의 최종 소비자에게 전달되는 에너지의 흐름을 영양 단계라 한다.

식물은 광합성을 통해 태양에너지를 화학에너지로 전환한다. 이 화학에너지는 최종적으로 ATP 형태로 저장된다. ATP는 에너지가 필요한 곳에서 ADP와 인산으로 분리되면서 세포내에 필요한 에너지로 제공된다. 산소나 빛이 희박한 환경에서 서식하는 일부 생물은 메탄이나 황산염과 같은 물질을 활용하여 화학에너지, 즉 ATP를 만들어 자신이 필요한 에너지로 사용한다. 획득된 에너지는 생명의 유지와 생장 등에 사용되며, 사용되지 않은 에너지는 잉여 분자로 남게 되거나 열

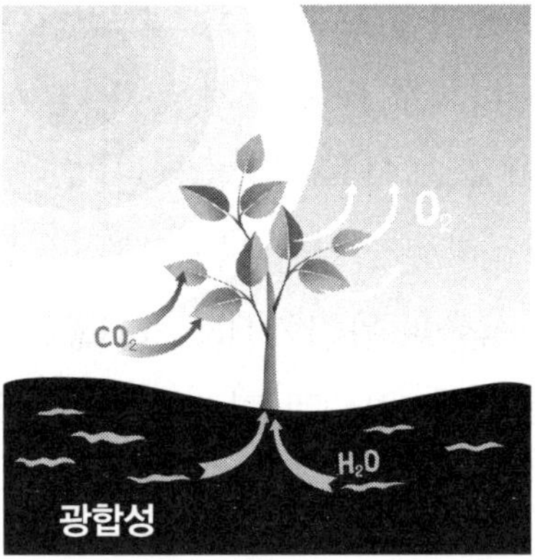

[광합성]

로 방출된다. 생체 내에서 일어나는 이러한 에너지 생산과 소비를 물질대사라 하고, 특히 세포 내에서의 에너지 소비는 세포 호흡이라 한다.

1-2-3 항상성

항상성은 열린계가 자연환경에서 안정적인 상태를 유지할 수 있는 능력이다. 열린계가 항상성을 유지하기 위해서는 여러 조절 기전을 통해 다중의 동적 평형 상태를 유지하여야 한다. 모든 생물은 그것이 단세포 생물이든 다세포 생물이든 항상성을 유지한다.

생물은 항상성을 유지하는 열린계로서, 동적 평형을 유지하고 갖고 있는 기능을 효율적으로 발휘하기 위해 변동하는 환경을 감지하고 이에 알맞은 대응을 하여야 한다. 이러한 감지와 대응을 위해 대부분의 생물은 음성 피드백 기전(negative feedback)을 사용한다. 즉, 생물은 환경의 변화에 따라 물질대사나 행동을 조절한다. 인간의 경우를 예로 들면 혈당이 낮아지면 글루카곤(glucagon) 분비량을 높여 혈당량을 조절하고 반대로 혈당이 높아지면 인슐린(insulin)의 양을 증가시켜 혈액 속의 포도당을 낮춘다.

1-2-4 유전

부모에서 자식으로 유전되는 생물학적 특징을 유전형질이라 한다. 모든 생물의 유전형질은 유전자(gene) 단위로 유전된다. 유전자는 염색체(chromosome)를 이루는 DNA 사슬의 일정 구간을 이루는 염기 서열이다.

세균에서부터 동물에 이르기까지 모든 생물의 유전형질은 같은 방식으로 전달된다. 세포핵에 있는 DNA는 코돈(codon)이라 불리는 연속된 3개의 염기서열에 따라 어떤 단백질을 형성할 것인지를 지정한다. RNA에 의해 전사되어 나온 DNA의 코돈은 리보솜(ribosome)으로 전달되며 리보솜은 이 코돈을 번역하여 단백질을 생성한다. 생물의 종류와 관계없이 같은 염기서열을 갖는 DNA는 같은 단백질을 만들게 된다. 예를 들어 사람의 인슐린을 만드는 DNA는 다른 생물에 이식되어 배양되어도 같은 인슐린을 만들게 된다.

진핵생물의 경우 생체를 형성하고 효소와 같은 단백질을 만드는 데 필요한 정보가 들어있는 DNA는 세포핵에 있는 염색체에 있다. DNA 사슬은 마치 실패에 감긴 실처럼 히스톤(histone)이라고 하는 특수한 단백질에 감겨 염색체를 이룬다.

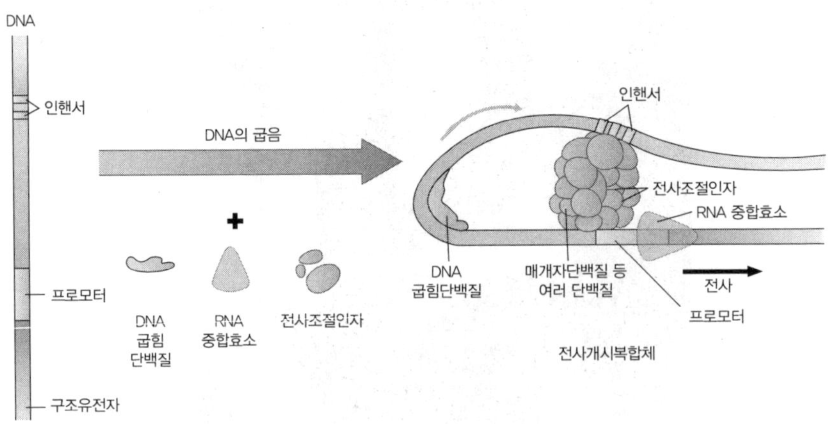

[전사개시복합체의 형성]

한편 세포소기관 가운데 미토콘드리아(mitochondria), 엽록소(chloroplast)와 같은 것들은 세포핵과는 다른 고유한 DNA 갖고 있다.

1-2-5 진화

생물학의 핵심적인 개념 가운데 한 가지는 생물이 진화를 통해 변화해 왔다는 것이다. 현대의 진화이론에서는 지구의 모든 생물이 하나의 공통조상에서 분화되어 오늘날과 같은 생물 다양성을 이루게 되었다고 설명한다.

진화가 일어나는 근본적인 원인은 생물의 종이나 집단 안에 대립하는 유전형질이 다양하게 존재하는 유전자 다양성

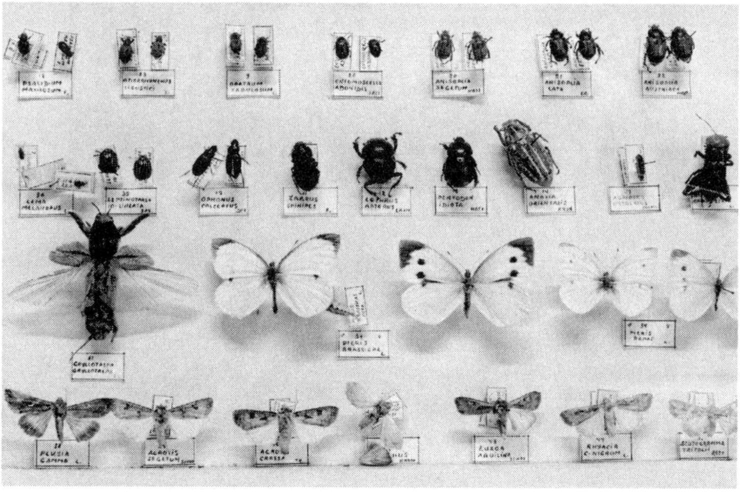

[생물 표본]

때문이다. 생물의 유전형질은 세대에서 세대로 이어지면서 유전자 부동, 자연선택과 같은 외부의 작용에 의해 변화하게 된다. 그 결과, 생물 집단은 환경에 적응하기에 유리한 형질은 유전되고, 그렇지 않은 형질은 사라지는 변화를 겪게 된다. 이것이 진화의 과정이다. 현재에는 진화의 과정이 직접 관찰되기도 함으로써, 진화는 관찰가능한 자연현상의 하나로서, 집단유전학등을 통해 연구되고 있다.

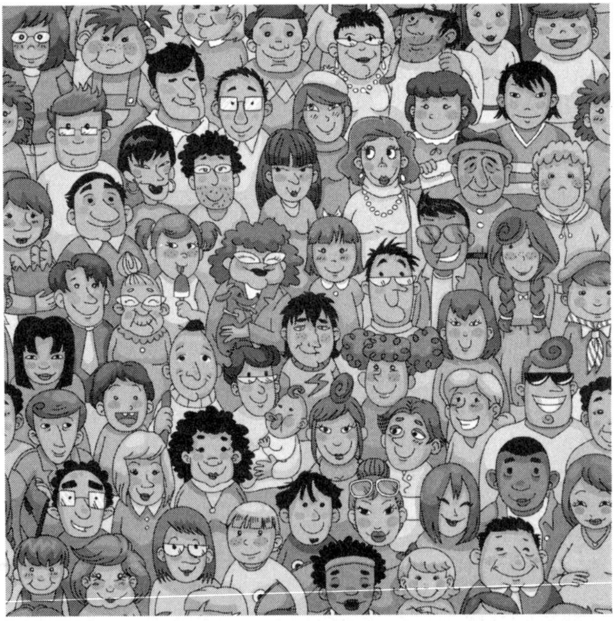

[다양성]

1-2-6 발생

발생은 동물의 정자와 난자가 수정된 후 배(embryo)를 형성하고 생장하여 새로운 개체가 되는 과정이다. 발생의 과정은 초기 발생과 후기 발생으로 나뉘는데, 최초의 난할에서 배엽이 형성되는 때 까지를 초기 발생이라 하고, 기관이 형성되는 때 부터 새로운 개체가 되는 때 까지를 후기 발생이라 한다.

- 초기 발생: 수정된 수정란은 난할 과정을 통해 포배기와 낭배기의 배아가 된다. 낭배기에 이르면 외배엽과 내배엽이 구분되어 세포 분화가 결정된다.
- 후기 발생: 외배엽이나 내배엽에서 중배엽이 분화한 후 배아는 신경관, 소화강, 체절과 같이 특별한 기능을 갖는 기관을 형성하기 시작한다.

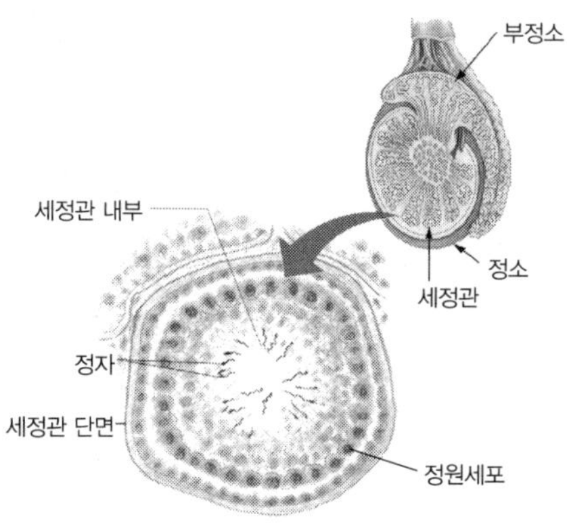

(a) 세정관 횡단면

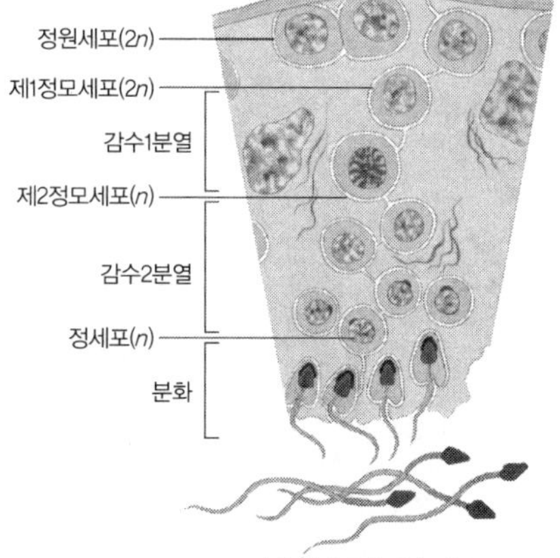

(b) 세정관의 정자 방출

[정자형성]

기관과 형태의 형성이 완료되면 부화하거나 출산하여 새로운 개체가 된다. 어린 개체는 생장과정을 통해 성체가 되며 곤충과 같은 생물은 생장과정에서 유충과 성충의 모습이 다른 변태의 과정을 거친다. 곤충의 이러한 변태는 또 다시 완전변태와 불완전변태로 나눠진다.

02
생명공학이란?

2010년 이후로 생명공학산업(바이오)에 대한 우리나라 정부의 연구개발(R&D) 예산이 IT산업보다 더 많이 지원되고 있다. 이것은 바이오사업에 대한 정부의 정책이 IT 만큼이나 바이오산업도 미래 성장동력 산업이 되고 있음을 말하는 것이 아닐까 생각한다.

현재 바이오산업은 의학, 식품, 에너지, 융합, 나노 등 산업 전분야에 적용될 수 있는 허브산업이 되고 있기에 향후 바이오산업의 미래전망은 매우 밝다고 생각한다. 이 장에서는 생명공학(바이오산업)에 대한 정의와 함께 현재 활용되거나 기술개발이 되고 있는 다양한 분야의 바이오산업기술을 정리해 보았다. 개별적인 기술이나 연구내용을 이해하는 것도 중요하지만 전체적인 바이오산업의 숲을 한번 보기를 바라며 이를 통해 여러분의 생명공학이라는 조금 낯선 분야에 대한 이해의 폭이 조금이라도 넓어졌으면 좋겠다.

2-1. 생명공학의 정의

여러분들은 생명공학기술로 만들어 진 프레브 세이버(Flavr Savr)라고 하는 토마토를 먹어보거나 단일클론항체로 치료를 받아본 적이 있는가? 아니면 특별한 유전자의 발현이 억제되도록 조작이 된 '녹아웃(knock-out)' 생쥐를 보거나 배아줄기세포로부터 유도된 생체조직들로 조직이식수술을 받아 본 적이 있는가? 더 일반적인 경우로는 감기주사를 맞아 보았다거나 주변에 인슐린 주사를 필요로 하는 당뇨 환자를 알고 있던지 혹은 집에서 간단히 할 수 있는 임신 테스트를 해 본 적이 있는가? 그리고 상처가 났을 때 세균감염을 막기 위해 항생제를 맞아 보거나 포도주 한 모금을 시음해 보던지 아니면 치즈나 빵을 직접 만들어 본 적이 있는가? 어쩌면 위에 언급된 첫 번째 것들은 경험해 본 적이 거의 없을 수도 있을 것이다. 그러나 두 번째 나열된 것들 중에서는 최소한 한 가지는 경험해 본 적이 있으리라 생각된다. 그렇다면, 당신은 이미 생명공학의 혜택을 충분히 누리고 있다 할 수 있다.

질병과 굶주림이 없고 깨끗한 환경을 갖는 그러한 세상을 상상해 볼 수 있을까? 이러한 시나리오들은 생명공학에 종사하고 있는 사람들이면 모두가 이 분야에 몸 담기 시작하면서 이루고자 꿈꿔왔던 것들일 것이다. 그리고, 설사 생명공학에 대한 과학적 이론들이나 세부적인 것들을 완전히 이해하지 못한다 할 지라도 이미 많은 사람들에게 생명공학은 생활 속에 친숙하게 다가와 있을 것이다. 그렇다면 생명공학이란 과연 무엇일까? 포괄적인 개념으로서는 '생명공학(Biotechnology)'이란 인간이나 인간 주변 환경에 직면해 있는 문제들(질병, 식량 부족 문제, 환경 오염 등)을 해결하거나 산업 생산품을 만들기 위해 유기 생명체뿐만 아니라 그로부터 만들어 지는 생체산물을 이용하는 것으로 정의될 수 있다. 그리고, 앞으로 전개되는 나머지 단원들로부터 역사적으로 중요한 생명공학 발달과정의 신례들과 현대의 일상생활 속에서의 응용사례들을 알아봄으로써 생명공학의 정의와 개념은 좀 더 보완되고 다듬어 질 것이고 이를 토대로 생명공학의 미래를 예견해 볼 수 있을 것이다.

혹자는 생명공학이란 단지 최근에 많은 관심을 불러일으킨 새로운 개념의 과학기술로 생각할지 모른다. 그러나, 놀랍게도 생명공학은 여러 면에서 이미 오래 전부터 알려지고 활용되어 왔었던 과학적 방법들에 근간을 두고 있다. 바로 이어서 설명하겠지만, 생명공학기술의 개발에 있어서 옛 것과 새로운 것의 만남은 생명공학을 가장 빠르게 발전하면서 대중에게 지대한 관심을 불러일으키는 흥미진진한 과학의 한 영역으로 자리잡게 해 주었다. 그리고 시간이 갈수록 그 중요성은 더욱 더 부각될 것이고 21세기는 소위 '생명공학의 황금시대(century of biotechnology)'로서 생명공학은 최고의 전성기를 맞게 될 것이다.

■ 생명공학의 역사

만약 주변의 친구들이나 가족들에게 생명공학이 무엇인지를 물어보았을 때 그 대답들은 실로 놀라운 것들일 수 있다. 그들은 전혀 생명공학에 대한 개념조차도 이해를 못할 수도 있고 아니면 하얀 실험가운을 걸치고 심각한 표정을 지으며 값비싼 장비들로 가득 찬 실험실에서 난해한 유전자 클로닝 실험을 수행하는 것으로 연상할 수도 있다. 그리고 좀 더 깊은 내용들을 묻는다면 그들은 어떤 원리들에 의해서 이러한 실험들이 수행되어 지고, 어떠한 중요한 정보들이 그것들로부터 얻어지는지, 그리고 이러한 지식들이 실제로 어떻게 사용되는지 등에 대해서는 전혀 대답도 할 수 없을 것이다. DNA 클로닝과 유전자조작기술들이 현대생명 공학기술의 산물이라고는 하지만 이러한 기술들은 전혀 새롭게 개발되었던 기술은 아니다. 대부분의 생명공학기술들은 실제로는 이미 오래 전부터 전해 내려오던 과학기술들을 기초로 하여 거기에 새로운 실험방법 등이 접목되어 개선보완된 것들이다. 인간들은 수 천 년 동안 생활에 도움이 되는 여러 가지 종류의 생물체들을 이용해 오고 있었다. 중국, 그리스, 로마, 바빌로니아, 이집트에서는 이미 기원전 2000년 전부터 생명공학기술을 사람들이 이용해 오고 있었다. 단순히 식량을 확보하기 위해 야생 동물을 사냥하거나 들판에서 자라는 식물을 채취하는 것들을 생명공학이라 하기 보다는 야생에서 자라는 양이나 소 같은 동물들을 인간이 이용할 수 있는 가축으로 키우기 위해 길들이는 기술 같은 것이 단순하지만 오래 전부터 내려오는 생명공학의 한 실례가 될 수 있다. 인간들은 오래 전부터 빵, 치즈, 요구르트나 맥주, 포도주 같은 술을 만들기 위해 미생물에 의한 '발효(fermentation)'를 활용해 왔다. 발효과정 중 어떤 효모균들은 당류를 분해시켜 필요한 에너지를 얻어내고 부산물로서 에탄올(알코올의 한 종류)을 생산해 낸다. 한편, *Saccharomyces cerevisiae*라는 효모균(빵 제조 효모균)은 빵 반죽을 숙성 시키기 위해 빵 제조과정 중에 첨가되는데 효모균이 빵 반죽으로부터 얻을 수 있는 당(sugar)을 발효시키면서 이산화탄소를 발생시키고 이것이 반죽을 부풀어 오르게 하면서 빵에 구멍을 만들어 내는 것이다. 숙성 과정 중 효모균이 생산해낸 알코올은 빵을 구울 때 대부분 증발해버리고 그 잔여물들이 빵의 달착지근한 맛 속에 베어있게 되는 것이다. 아마도 집에서 직접 빵이나 피자 반죽을 만들어 본 적이 있다면 반드시 상점에서 구입해온 효모균을 반죽에 첨가했었을 것이다. 이러한 과정들은 이후의 미생물 생명공학을 다루면서 보게 되겠지만 요구르트, 치즈, 그리고 여러 음료수들을 제조하는 데에도 매우 중요하다.

수 천 년 동안 인간은 식량 자원으로 이용해 온 곡류와 가축의 생산을 증대시키고 개선하기 위해 '선택적 교배법(selective breeding)'을 이용해 왔다. 이 방법으로 유용한 유전형질을 지닌 개체들 사이에 목적에 따라 의도적인 짝짓기가 이루어져 부모세대와 비교하여 동일하거나 우세한 유전형질을 지닌 자손들이 생산될 수 있었다. 예를 들면, 크고 달면서 씹기에 부드러운 옥수수 품종을 상호 교배법(cross-breeding)을 통하여 만들어 낸다면 이는 농부들에게 있어서는 이윤을 극대화 시킬 수 있는 바람직한 방법 중에 하나일 것이다. 유사한 육종기술들이 칠면조, 소, 닭, 돼지와 같은 농장에서 사육하는 동물들에 이용된다. 또 다른 경우로는 식용으로 이용할 수 없는 야생 상추나 양배추 같은 식물 종들을 인간이 먹을 수 있고 재배할 수 있는 식물들로 수 세대에 걸쳐 육종하는 것이다. 농업과 축산업등에 이용되고 있는 이러한 육종방법들은 전적으로 유전학적 원리를 응용한 고전적 생명공학기술이라 할 수 있다. 이처럼 인간은 기본적인 과학적 원리를

[선별 육종법은 오늘날에도 여전히 사용되고 있는 가장 오래된 생명공학기술 중의 하나이다]

알지 못한 상황에서 잘 계획된 실험설계 없이도 그리고 비싸고 정교한 현대적 장비를 갖춘 실험실과 전문가들 없이도 수백 년 동안을 생물체의 유전자를 조작해 오고 있었던 것이다.

인간들은 바람직한 유전형질을 가지고 있는 식물과 동물들을 선발함으로써 유용한 유전자를 갖는 개체들을 육성하여 이용하여 왔다. 2006년 미국 캘리포니아의 애완동물 관련 Allerca Lifestyle Pets이라는 회사에서 과학자들은 선택적 교배법을 이용하여 고양이의 타액과 표피털에 존재하는 알러지(allergy) 유발 단백질의 변종형을 선천적으로 체내에서 생산해 낼 수 있는 고양이를 육종해 내었다. 정상형 단백질은 고양이에 민감한 사람들에게는 알러지 반응을 야기시키지만 변종형 단백질은 무해한 것으로 알려져 있다. 엘러카사는 개발된 고양이를 세계 최초 알러지를 일으키지 않는 고양이로 선전했고 타임 매거진은 이 고양이를 그 해 최고의 발명/개발품으로 기사화 했다. 그러나 이와 같이 생명공학적으로 만들어진 고양이가 고양이 알러지를 가지고 있는 애완동물 애호가들에게 과연 어느 정도의 인기를 끌지는 두고 보아야 할 일이다.

세계적으로 가장 잘 알려져 있는 생명공학기술의 응용실례 중의 하나가 바로 항생제(antibiotics)이다. 1928년 알렉산더 플레밍은 사람에게 피부병을 야기시키는 '*Staphylococcus aureus*'라고 불리 우는 병원성 박테리아의 성장이 '페니실리움(penicillium)'이라는 곰팡이에 의해 억제되는 것을 발견하였고, 이에 대한 심층적 연구를 통해 '페니실린(penicillin)'이라는 항생제를 발견하고 이를 정제하는데 성공하였다. 항생제는 원래 미생물이 다른 종의 미생물이 성장하지 못하도록 분비하는 화학물질이다. 1940년대에 페니실린은 세균감염을 치료하는 의학품으로 널리 사용되었으며 1950년대와 1960년대에는 생화학과 세포생물학의 발달로 인해 다양한 종류의 미생물들로부터 다량의 항생제를 정제해낼 수 있는 기술이 개발되었다. 소위 'Batch process'라고 불리 우는 세포대량배양법을 미생물에 도입하여 상업적으로 가치 있는 물질들을 대규모로 분리해 낼 수 있는 방법을 개발해 낸 것이다.

한편, 1960년대 이후로는 유전학과 분자생물학의 급속한 발달을 통해 생명공학에서는 새롭고 흥미로운 기술의 개발 및 응용들이 이루어지게 된다. DNA 구조와 기능이 밝혀짐에 따라 관심 있는 유전자들을 찾아내어 그들의 복사체를 다량으로 만들어 낼 수 있는 '유전자 클로닝(gene cloning)'과 생물체의 DNA를 인위적으로 조작할 수 있는 '유전공학(genetic engineering)'이 탄생하게 된다. 유전공학적 기법들을 통해 과학자들은 서로 다른 생물체에서 기원한 DNA 조각들을 인위적으로 잘라서 함께 붙일 수 있게 되었는데 이를 '재조합 DNA 기술(recombinant DNA technology)'이라 부른다. 이 기술을 통해 인간성장호르몬, 인슐린, 혈액응고 단백질 등의 다양한 의학적 가치가 있는 단백질들을 생산해 낼 수 있었다. 재조합 DNA 기술은 개발 초기부터 생명공학의 여러 중요한 분

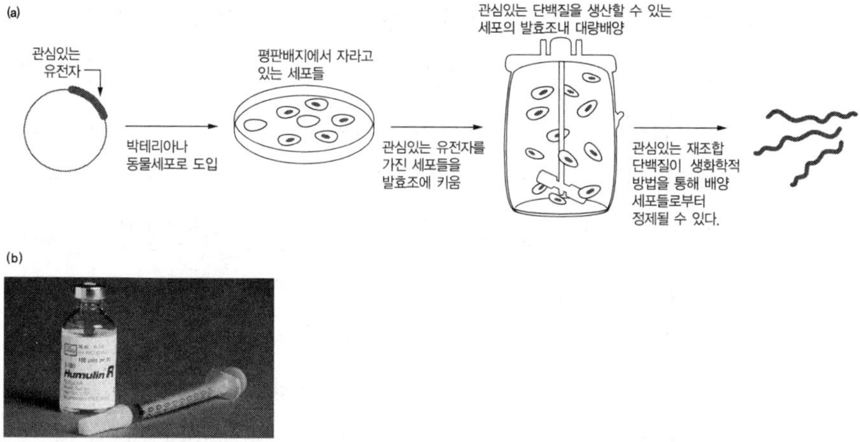

[특이 단백질 생산을 할 수 있는 유전자조작세포의 배양]

야들 중에서도 단연 우위를 차지하며 활용되어 왔으며 병 저항성 식물, 생산량이 증대된 과일 및 채소류, 다양한 영양소를 함유한 황금쌀(golden rice), 그리고 환경오염물질을 분해시킬 수 있는 박테리아의 개발 등 재조합 DNA 기술을 통한 유전자조작으로부터 얻어진 수백 가지의 생명공학 응용제품들이 시장에 나올 준비를 하고 있다.

재조합 DNA 기술은 인간의 유전성 질병들에 대해서도 그 원인이 될 수 있는 유전자들을 발견하여 연구함으로써 인간의 건강 및 보건에 지대한 영향을 미쳐왔다. 그 중 가장 획기적인 연구성과 중의 하나가 1990년에 국제적 공조관계 속에서 시작되었던 '인간유전체계획(human genome project)'이다. 이 프로젝트의 주요 목적은 인간의 유전체(genome)에 해당하는

24개의 인간 염색체 22개의 상염색체(1~22번)와 2개의 성염색체(X와 Y염색체)에 존재하고 있는 모든 유전자들을 알아내고 그 위치를 정확히 파악하는 것이었다. 이 연구 결과를 통해 과학자들은 인간의 질병을 감지해 낼 수 있는 새로운 진단법과 함께 유전병을 치료할 수 있는 분자적 접근방법의 개발에 핵심적인 실마리를 얻어낼 수 있었다.

머리카락 색깔, 눈 색깔, 키나 몸무게 같은 인간 신체의 특징을 이루는 외형적인 형질을 결정지어 주고 더 나아가서는 생명을 유지시켜 줄 수 있는 정상적인 세포의 대사활동을 조절하는 모든 유전자들에 대해서 염색체상에서의 위치를 파악하고 염기서열정보를 당신이 알고 있다는 것을 상상해 보아라. 향후 10년 이후 우리는 역사적으로 가장 중요하고 획기적인 생물학적인 발견들을 경험하게 될 것이다. 인간유전체계획의 결과로부터 얻는 인간 유전체계에 대한 정보들은 가까운 미래에 기초과학 및 의학에 지대한 영향을 미칠 것이다. 인간 유전자들의 기능을 이해한다는 것은 아직도 완전히 밝혀지지 않고 수수께끼로 남아있는 수 많은 생명의 신비로움 중에서 가장 커다란 비밀을 푸는 것이 될 것이다. 과학자들은 인간유전체에 포함되어있는 유전자들을 모두 찾아내어 그들의 조합이나 배열 등에 대한 정보를 구축하는 작업을 거의 마무리를 짓고 그 다음 단계로써 인간이 보유하고 있는 모든 단백질들의 구조 및 기능에 대한 체계적인 정보구축작업을 위한 '인간단백질체계획(human proteome project)'을 착수하려 하고 있으나 실질적으로는 그 이전에 유전체의 수준에서 연구되어야 할 것들이 아직도 많이 남아있는 상태이다.

위에서 알아본 바와 같이 생명공학은 긴 역사를 가지고 있으며 여러 가지 사건들로 점철되어 있다. 그리고 이어서 전개되는 부분들에서는 생명공학의 발달 및 미래에 대해서 다루게 될 것이다. 특히, 수 많은 전문용어들을 접하게 될 것인데 그것들의 정확한 이해를 위해서는 위키페디아 등 인터넷 서핑 등을 통해 보다 자세히 살펴보기 바란다.

■ 생명공학: 다양한 과학 분야가 집적된 통합학문

생명공학을 공부할 때마다 항상 느끼는 것은 여러 다른 과학 분야들의 정보나 지식들이 통합되어 하나의 생명공학 분야를 이룬다는 것이다. 실제로 다른 과학분야들이 생명공학에 공헌한 바는 매우 크다 할 수 있다. 생명공학의 일차적 관심사가 분자생물학을 기초로 한 유전공학기술의 응용이라 하지만 실제로 이것이 포함하는 학문분야는 단일분야에만 한정되어 있는 것이 아니고, 생물학, 화학, 수학, 컴퓨터과학, 공학 그리고 심지어는 철학이나 경제학 같은 인문사회분야로부터의 지식들에 의존하고 있다. 여기에서는 다양한 생명공학 분야 및 각 분야속의 다양한 연구내용을 살펴볼 것이다.

아래 그림은 생명공학에 기여하는 다양한 학문적 영역들을 도식화한 것이다. 생명공학이라는 커다란 나무를 지탱해

주고 있는 '뿌리'영역은 생물체의 기본적 생명현상들을 연구하는 '기초과학' 분야들(생화학, 분자생물학, 유전학 등)로 이루어져 있다. 한편, 기초과학 연구는 컴퓨터과학의 도움을 받아 유전공학의 여러 분야를 만들어 낼 수 있다. 그리고, 나무의

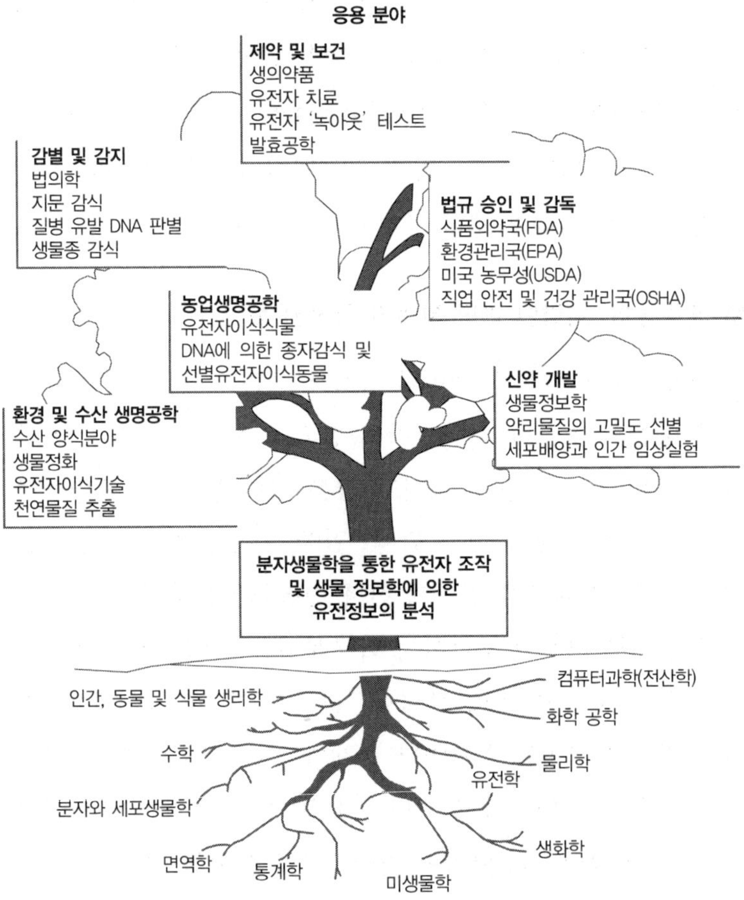

[생명공학 나무: 다양한 (과학적) 원리와 분야들이 융합되어 생명공학을 탄생시켰다.]

맨 꼭대기에는 우리가 사는 환경이나 인간들에게 유익할 수 있는 유전공학기술을 이용한 바이오 생산품이나 기술개발 등이 자리를 잡고 있다.

생명공학이 여러 과학분야들의 통합체라는 것은 다음과 같은 단순화된 실례로부터도 요약될 수 있다. 대학, 정부기관 또는 공사기업에서 기초과학 수준에서 미생물 연구를 하고 있는 과학자들이 박테리아로부터 질병치료에 큰 역할을 할 수 있는 유전자나 단백질을 발견할 수 있다. 그리고, 유전자의 기능에 대해 보다 심층적인 정보를 얻기 위해서는 전형적으로는 생화학적, 분자생물학적, 그리고 유전학적 기술들이 이용될 것이다. 특히, 유전자로부터의 염기 서열과 그로부터 생산되는 단백질의 구조 분석을 위해 컴퓨터과학이 활용된다. 이와 같이 DNA와 단백질에 관한 데이터를 분석하기 위해 컴퓨터과학의 기술 및 프로그램 등을 활용하는 분야를 '생물정보학(bioinformatics)'이라 부른다.

일단 유전자에 대한 기초연구들이 완료가 되면 얻어진 정보 및 지식들은 신약 개발, 농업 생명공학, 그리고 환경 및 해양관련 분야에 활용될 수 있다. 생명공학의 다양한 응용들에 대해서는 여러분들이 각 각을 하나씩 자세히 알아가면서 좀 더 확실하게 정리가 될 것으로 믿는다. 다만 이 시점에서 생명공학은 여러 학문 분야들이 합쳐진 종합 과학 분야라는 것을 다시 한 번 기억하기 바란다.

■ 현대 생명공학의 산물들

생명공학이 이루어 낸 획기적인 응용실례들과 생산물들에는 인간생활을 윤택하게 하기 위해 만들어진 것들뿐만 아니라 미생물학, 해양생물학, 그리고 식물학 등등의 다른 과학분야에서 생명공학기술의 응용들도 함께 포함된다. 현재 이용 가능한 생명공학 생산물들은 지금 모두 언급하기에는 그 수가 매우 많지만 대부분의 것들이 건강 및 질병치료에 관한 신약 개발 및 생산과 같이 현재 우리들에게 꼭 필요한 것들이다. 실제로 미국의 생명공학회사의 65%가 약품생산에 관여한다.

1982년 캘리포니아에 있는 제넨텍(genentech)이라고 하는 생명공학회사는 최초로 당뇨병 치료용 재조합 인슐린을 개발하여 판매 승인을 받았다. 200가지 이상의 질병을 치료하기 위해 개발 중에 있는 300종 이상의 생명공학 의약품들과 함께 현재 시판 중에 있는 약품, 백신 그리고 진단용 도구들만 해도 수백 종류가 된다. 개발되고 있는 신약의 거의 절반이 암을 치료하기 위한 것들이다. 가장 많이 팔리고 있는 대표적인 생명공학 의약품들과 개발사들에 대한 정보가 아래의 표에 간단히 정리되어 있다. 판매되고 있는 대부분의 생명공학 생산품들은 에이즈, 심장병, 당뇨병 그리고 암 등의 다양한 질병들에 대한 진단 및 치료관련 의약품들이 주를 이룬다.

[가장 잘 팔리는 생명공학기술로 탄생한 연 1조 이상의 매출을 보이는 약품들]

약품	개발회사	주요기능(질병치료)
Procrit	Johnson & Johnson	빈혈
Epogen	Amgen	빈혈
Enbrel	Amgen & Wyeth	관절염
Aranesp	Amgen	빈혈
Remicade	Johnson & Johnson and Schering– Plough Corp. Roche Holding Ltd.	관절염
Rituxan	Amgen	Non– Hodgkin 림프종
Neulasta	Biogen Idec Inc.	암환자에서 혈구수 증가
Avonex	Amgen & Roche	다발성 경화증
Neupogen	Sanofi– aventis	암환자에서 혈구수 증가
Lantus		당뇨병

가장 널리 사용되는 생명공학 생산품들의 대부분이 한 생물체의 유전자를 다른 생물체에 인위적으로 도입(삽입)시켜 복사체의 수를 증가시키는 유전자 클로닝을 통해 생산된 단백질들로써 이들을 특히 '재조합 단백질(recombinant proteins)'이라 부른다. 예를 들면, 이러한 단백질들의 대부분이 질병치료용 재조합 단백질을 생산해 내기 위해서 박테리아 유전체에 도입된 인간 유전자들로부터 생산된다.

과학자들은 관심 있는 유전자를 분리해 내어서 이를 '세포배양(cell culture)'에 의해 키운 박테리아나 동물세포에 삽입시킬 수 있다. 세포는 성장을 위해 필요한 영양분들이 첨가된 액체배지가 담겨 있는 플라스크나 용기 속에서 배양될 수 있다. 그러나 작은 배양용기 내에서는 세포의 생장 및 분열되는 세포수에 한계가 있기 때문에 배양되고 있는 세포들은 '발효조(fermenters 또는 bioreactors)'라 불리는 좀 더 커다란 배양 용기로 옮겨지게 된다. 관심 있는 DNA가 삽입되어 있는 세포들 역시 발효조를 통해 대량 배양될 수 있다. 생명공학기술들을 이용하여 과학자들은 관심 있는 유전자가 삽입된 세포를 대량으로 배양증식 시킨 후 그들로부터 삽입유전자가 만들어 내는 단백질들을 순수 분리해 낼 수 있으며 이들은 아래 표에 수록된 응용분야들에 사용되고 있다.

[클로닝된 유전자들로부터 만들어진 재조합 단백질의 사례]

재조합 단백질	적용분야
혈액응고제	혈우병 치료
상피세포 성장인자	면역장애환자에서 항체생산 촉진
성장호르몬	송과선장애 및 왜소증 치료 /젖소 우유생산 증대
인슐린	당뇨병 치료
인터페론	암 및 바이러스 감염 치료
인터류킨	암 치료 및 항체생산 촉진
단일항체	암을 포함한 다양한 질병의 진단 및 치료
혈전증 치료제	심장병 치료

가까운 미래에는 '유전자치료(gene therapy)'라는 생물공학적 기법이 질병을 치료하는데 이용될 수 있는데 이 경우는 인체 내로 유전자 도입이 아주 일상적으로 행해진다. 조직거부반응으로 인해 이식수술이 어려웠던 생체조직이나 기관들을 유전학과 생체조직공학기술을 통하여 이식 가능한 생체조직이나 장기로 전환시킬 수 있을 것이다. 한편, 해양생물들을

대상으로 한 생명공학의 생산물들이 암, 심장병 그리고 관절염 등을 치료하는데 사용될 것이다. 궁극적으로 인간유전체 계획으로부터 얻은 정보를 기반으로 하여 현대 의학은 보다 건강한 인간의 삶을 보장할 수 있는 수단을 제공할 수 있으며 어쩌면 더 나아가 인간의 수명까지도 연장시킬 잠재성을 가지고 있다 할 것이다.

■ 윤리와 생명공학

다른 기술공학분야들처럼 생명공학기술 및 그 적용들에 대해서도 윤리적인 관점에서 고려되어야 할 것들이 항상 존재하고 있다. 당연히 모든 사람들이 생명공학의 열렬한 지지자는 아닐 것이다. 생명공학에 관계된 윤리적, 법적 그리고 사회적 문제들은 전세계적으로 과학자, 정치가, 변호사 등의 전문가들뿐만 아니라 일반 대중에게 까지도 커다란 논란의 쟁점이 되고 있다.

살아가면서 언젠가는 당신에게도 직접적인 영향을 미칠 수 있는 그래서 한번쯤은 진지하게 생각해 볼 필요가 있는 생명공학에 관한 윤리적 문제들이 줄 곧 발생할 수 있다. 예를 들면, 생물체 복제가 양, 소, 원숭이 같은 동물에서 이루어졌기 때문에 혹자는 인간복제도 역시 허용되어야 한다고 주장할 것이다. 당신은 여기에 대해 어떻게 생각하는가? 당신과 당신 배우자가 어떠한 이유에 의해서 혹시라도 아이를 가질 수 없다면 복제기술에 의해서 당신의 아이를 얻기를 원하겠는가?

여러분은 이러한 윤리와 생명공학과의 관련문제를 어떻게 풀어야 할 지를 고민해 보았으면 한다.

2-2. 생명공학의 다양한 분야

생명공학의 근간을 이루고 있는 (기초)과학분야들에는 어떤 것들이 있는지에 대해서는 이미 알아보았기 때문에 지금부터는 생명공학의 다양한 세부영역들에 대해서 알아볼 필요가 있을 것이다. 여기서는 각 분야 대한 전체적인 개념들이 소개할 것이다.

■ 미생물 생명공학

미생물 생명공학이 사회에 미치는 영향들에 대해서 알아보자. 앞 부분에서 우리가 알아본 것처럼 맥주나 포도주를 만들기 위해 효모균을 사용하는 것은 생명공학의 응용실례 중에서 가장 오래된 것들 중에 하나이다. 박테리아와 효모균과 같은 다양한 미생물들을 통해 제조공정과정이 단순화됨으로써 대규모의 식품생산이 가능하게 되었으며 환경오염물질인 산업 폐기물들을 더욱 효율적으로 정화시킬 수 있는 효소 단백질과 미생물 균주 개발들이 가능하게 되었다. 채광효율을 높이기 위해 미생물을 이용하여 토양으로부터 기름과 무기광물질을 제거하는 것도 현재 활용되고 있는 미생물 생명공학의 실례이다. 미생물은 유전자 클로닝에도 사용될 수 있고 인슐린과 성장호르몬과 같은 의학용 단백질의 대량생산에도 활용되고 있다.

■ 농업생명공학

소위 '농업생명공학'에서는 유전자 조작을 통해 살충제 없이도 해충에 저항성을 갖는 식물에서부터 높은 함량의 단백질이나 비타민이 포함된 식품들 그리고 식물로부터 유용한 약리물질의 생산 등의 다양한 주제들을 다루기도 한다. 농업생명공학은 미국에서는 이미 수년 전부터 70억 달러 이상의 시장 규모를 차지할 정도로 거대 사업으로 급속도로 팽창하고 있다.

식물에 대한 유전적 조작은 이미 20년 이상 가뭄이나 냉해와 같은 환경 스트레스에 저항성을 갖거나 증대된 수확량을 보일 수 있는 식물들을 유전공학적으로 개발하기 위해 사용되어 왔다. 지난 10년간 진행되었던 연구들을 통해 다양한 식물 종과 식물의 조직들로부터 여러 가지 약리효과를 가진 단백질들을 생산해 낼 수 있는 식물의 개발이 가능하다는 것이 명백히 입증되었다. 식물은 재조합 단백질 생산을 하는데 있어서도 박테리아보다도 더 유용할 수 있다. 예를 들면, 재조합 단백질을 만들어 낼 수 있는 식물을 생산해 내는 비용이 박테리아에서 재조합 단백질 생산 비용보다도 훨씬 저렴하다.

약리물질생산을 위해 식물을 활용하는 것은 '분자농업(molecular pharming)'이라 불리 우는 농업생명공학의 한 응용분야이다. 예를 들면, 담배는 식용이 아니지만 오랫동안 농업과 육종프로그램에서 이용되어 온 주요 식물종이 되어 왔다. 이러한 담배가 잎에서 재조합 단백질을 생산해 낼 수 있도록 유전자 조작이 되어 재배될 수가 있다. 좀 더 자세한 내용은 분자농업을 키워드로 하여 학습해 보기 바란다.

■ 동물 생명공학

동물들은 중요한 (의학용)물질들을 생산해 낼 수 있는 '생물반응기(bioreactor)'이다. 예를 들면, 염소, 소, 양, 닭 같은 가축들이 병균이나 이질 단백질을 인식하여 파괴시키는 면역방어 단백질의 일종인 '항체(antibodies)'와 같은 의학적으로 유용한 단백질 생산의 주요 원천으로 사용되고 있다. 항체 치료는 면역체계에 이상이 있는 환자들에게 있어서 면역성을 개선시키는데 이용되고 있다. 그 외 여러 가지 치료용 단백질들이 동물로부터 생산되어 사용 중에 있는데 문제는 극소량만을 얻을 수 있어 실제 상품화가 되기 위해서는 수백 킬로그램 이상의 대규모 생산이 가능해야만 한다. 과학자들은 이러한 치료단백질의 대량 생산을 위해 치료 단백질을 함유한 모유를 만들어 낼 수 있는 암컷 '유전자이식동물(transgenic animals)'을 만들어 낼 수 있다. 유전공학기술에 의해 유전자이식동물은 다른 생물 종에서 기원한 유전자를 갖고 있다. 예를 들면,

혈액응고 단백질을 만들어 내는 인간 유전자를 갖는 유전자 이식 암소를 개발함으로써 우유를 통해 단백질의 대량 생산이 가능할 수 있다.

동물은 기초과학연구에서도 매우 중요한 역할을 한다. 예를 들면, 유전자 '넉 아웃(knock-out)'실험을 통해 한 개 이상의 유전자들의 기능이 상실될 수 있는데 이를 통해 어떤 특별한 유전자의 기능에 대한 정보를 간접적으로 얻을 수가 있다. 넉 아웃 방법의 기본적 원리는 어떤 한 유전자를 파괴시켜 기능을 상실케 만들었을 때 동물에서 어떤 생리적, 발생적 기능 등이 영향을 받는지를 알아보는 것이다. 설치류인 쥐들과 다른 동물들에서 발견된 유전자들이 인간 유전체에도 역시 존재하기 때문에 동물에서 유전자 기능에 대한 정보는 인간 유전자 기능을 연구하는데 커다란 도움을 줄 수 있다. 마찬가지로 동물을 대상으로 한 약물 개발 및 테스트 그리고 유전자 치료법을 인간에게도 적용시킴으로써 인간의 질병을 치료하는 새로운 방법들을 개발하는데 커다란 역할을 할 수 있다.

1997년 과학자들과 일반대중들은 스코틀랜드의 로슬린 연구소에서 '돌리(dolly)'라는 복제 양을 만들어 냈다는 발표에 놀라움과 흥분 그리고 한편으로는 우려를 나타내었다. 돌리는 세포핵치환법에 의해 만들어진 최초의 복제동물이다. 인간복제에 대한 가능성을 제시한 돌리의 탄생은 두려움과 걱정을 유발시키기도 했지만 반면에 과학자들은 돌리를 만들어 낸 세포핵치환기술의 의학적 응용에도 커다란 기대를 가지고

[핵치환법에 의해 만들어진 최초의 복제양 돌리(dolly)]

있다. 예를 들면, 이 기술은 유전공학기술을 통해 조직거부 반응 없이 인간에게 안심하고 이식될 수 있도록 개발된 생체 기관을 가지고 있는 동물들을 쉽게 복제해 낼 수 있기 때문이다. 생체기관을 필요로 하는 모든 사람들에게 모든 종류의 생체기관들을 즉시 공급해 줄 수 있다면 이는 굉장한 사건이 될 것이다. 그러나 이러한 동물복제에 대해서는 다른 생명공학 기술들처럼 찬성하는 자와 반대하는 자가 모두 존재할 것이다.

■ 법의학 생명공학

오제이 심슨, 아나스타샤 공주, 군대 신병들, 공룡 뼈, 배설물에 있는 박테리아, 오스트레일리아에서 발견된 6만 년

전의 인간화석—이 모든 것들의 공통점은 과연 무엇일까? 이것들은 바로 법의학 생명공학의 분석대상들이다. 'DNA 핑거프린팅(DNA fingerprinting)'은 한 생물체가 가지고 있는 독특하고 유일한 DNA 염기배열을 알아내는 방법들을 총칭하는 것으로써 주로 법의학 생명공학에서 사용되어 왔다. 법의학 생명공학은 범죄 현장에서 발견될 수 있는 아주 작은 생체조직 일부나 머리털, 혈액, 체액 등에서 DNA를 축출하여 분석함으로써 범죄자를 색출해내는 매우 정확한 범죄 수사 방법이다.

1987년 영국에서 강간범을 기소하기 위해 최초로 사용된 이래 지금은 전 세계에서 범죄 용의자를 가릴 뿐 아니라 실제 범죄자를 기소하기 위한 재판 과정에서 증거로써 이용되고 있다. 그 외 DNA 핑거프린팅은 친자소송이나 사체의 신원확인 그리고 멸종 위기에 있는 생물 종들의 보존 작업에도 활용된다. 불법으로 사냥한 동물들의 DNA를 분석함으로써 법을 어긴 사냥꾼들

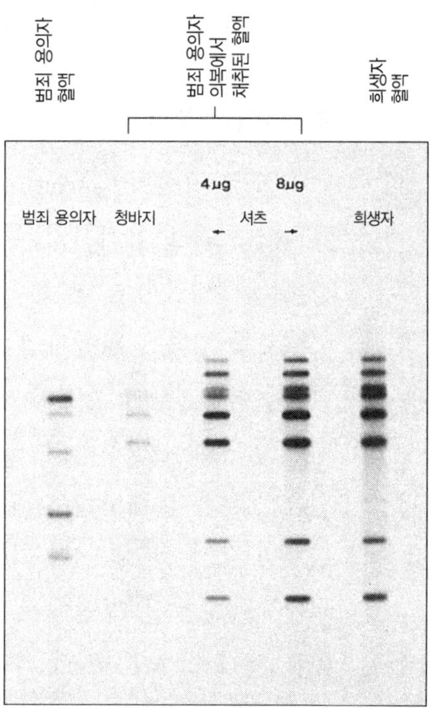

[살인사건 재판에 사용되는 DNA 핑거프린팅]

을 잡을 수 있었고 이로 인해 밀렵행위가 줄었다. 과학자들은 부패된 고기에서 대장균과 같은 병원성 균을 찾아내고 그 종류를 판별할 뿐만 아니라 에이즈(AIDS), 뇌염, 결핵, 웨스트나일 바이러스, 라임병 등과 같은 질병의 원인이 되는 병원성 박테리아나 바이러스의 진단에 이 기술을 역시 사용하고 있다. 최근에는 한 프랑스 회사가 식품 제조과정 중에 원래 사용해야 할 성분들 대신 값싼 재료들이 사용되었는지 아니면 식용 불가한 동물의 고기가 첨가되었는지 등을 알아볼 수 있는 유전자 발현 테스트 방법을 개발하였다.

■ 생물환경정화

'생물환경정화(bioremediation)'는 생명공학 기술을 이용하여 환경오염을 야기시키는 천연 및 인공 합성 물질들을 분해시키는 생명공학의 한 분이다. 생물환경정화는 주로 미생물 생명공학 기술을 활용하여 산업생산과정에서 생산될 수 있는 환경위험물질들을 깨끗이 제거하는데 이용되고 있다. 1970년대에 아난다 차크로바티(Ananda Chakrabarty)와 그의 연구팀은 원유 성분을 분해시킬 수 있는 박테리아 균 종을 개발하여 유전자변형 미생물에 대한 최초의 미국특허를 획득했다.

실제 응용적 측면에서 성공적인 생물환경정화의 한 실례는 알래스카의 Prince William Sound에 있는 엑손 발데즈(Exxon Valdez) 기름 유출사건에서 찾을 수 있다. 이 경우에서는 알래스카 토양에 이미 살고 있던 기름분해 박테리아의 성장을 촉진시켜줌으로써 수 마일에 걸친 해안선이 화학정화제를 사용했을 때보다도 거의 3배나 빠른 속도로 정화되었고 화학적 처리로 인해 황폐화 될 수 있었던 환경파괴도 극소화시킬 수 있었다. 미생물을 이용한 생물환경정화 과정을 통해 가정 및 공업 폐수가 어떻게 처리되고 금, 은, 코발트, 니켈, 아연 같은 경제적 가치가 있는 금속들이 어떻게 환경으로부터 회수될 수 있는지에 대한 다양한 전략이 제시되고 있고 이 부분은 여러분이 한번 관심을 가지고 조사해 보기 바란다.

■ 수산생명공학

우리 지구의 대부분을 덮고 있는 물을 이용한 생명공학의 가능성들을 생각해 볼 수 있는데 이 중에서 특히 가장 오래된 수산 생명공학은 바로 '수생물배양(aquaculture)'으로써 송어, 연어, 그리고 메기 같은 어종들을 인공적으로 키우는 양식기

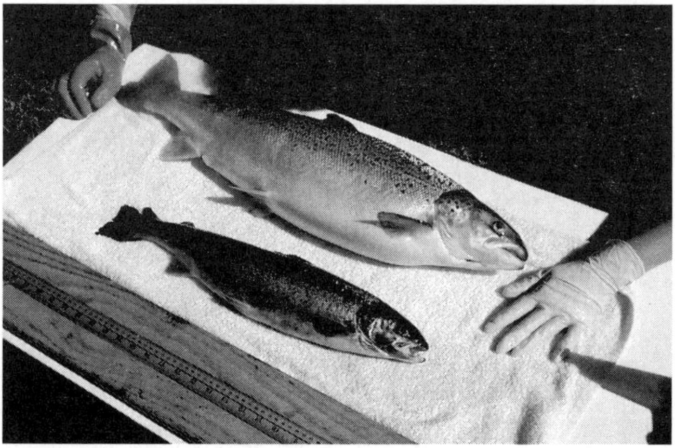

[전망이 큰 수산 생명공학]

술을 일컫는다. 수산생명공학은 특히 개발도상국들에서 그 인기도가 점점 높아가고 있다. 최근 통계자료에 따르면 지구상에서 인간이 소비하는 어류의 약 30%가 현재는 수산생명공학을 통해 생산되고 있다고 한다.

최근 몇 년 사이에 수산생명공학에서는 매우 획기적인 신 개발들이 개발되고 있다. 예를 들면 유전공학기술을 이용하여 병 저항성 굴을 생산하거나 어종들을 감염시키는 바이러스를 퇴치하는 백신의 개발이 이에 속한다. 연어에 형질전환 기술이 도입되어 짧은 생장기간 동안 일반연어보다도 체내의 성장 호르몬 생산이 증대되어 훨씬 크기가 큰 유전자조작 연어가 생산되었고 이를 통해 연어양식 산업에서는 연어를 키우기 위해 기존에 들었던 시간과 비용의 절감이라는 파급효과도 기대할 수 있게 되었다.

[생물정화의 실용화]

특이한 수생 생물 종들이 생명공학자들에게는 커다란 호기심과 연구의 대상이 된다. 바다에는 해양 박테리아, 조류(algae), 조개류뿐만 아니라 극한 생존환경에서 살고 있는 수많은 생물체들이 존재한다. 매우 낮은 온도와 압력이 작용하는 심해나 높은 염류 환경은 그 곳에 살고 있는 수생 생물체들에게는 이미 적응과정을 통해 나름대로의 생존전략을 가지고 있기 때문에 커다란 문제가 되지는 않는다. 그러므로, 극한환경의 수생물체들은 새로운 유전자, 단백질, 대사경로에 대한 정보를 얻는 중요한 원천이 될 수 있고 궁극적으로는 생명공학의 연구대상이 될 수 있는 것이다. 예를 들면 어떤 해양 플랑크톤과 바다 달팽이는 종양 및 암을 치유할 수 있는 약리물질의 중요한 원천이 되고 있다. 수생물체를 이용할 수 있는 생명공학의 가능성은 무궁무진하며 현재 심도 깊은 연구들이 진행되고 있다.

■ 의학생명공학

앞에서 살펴본 바와 같이 약이나 재조합 단백질과 같은 의료용 생명공학 생산품들은 '의학생명공학(medical biotechnology)'의 오로지 단편적인 실례에 불과하다. 현재 다양한 범위의 의학생명공학의 응용부분들이 소개되고 있는데 여기에는 예방의학부터 질병과 장애의 진단 및 치료에 이르기까지 인간의 건강과 보건을 위해 개발된 생명공학기술이 모두 포함될 수 있다. 전 세계적으로 거의 32억 5천만 명의 사람들이 생명공학을 통해 개발된 약과 백신의 혜택을 받고 있다. 수 많은 기술들이 개발되고 실제로 이용되고 있지만 21세기 생명공학 시대에서는 다른 어느 때 보다도 커다란 의학 생명공학의 진보가 있을 것으로 기대된다.

최근에는 질병유전자의 발견과 같은 생명과학에 관한 획기적인 뉴스들을 자주 접할 수 있다. 모든 대중매체들이 새로운 유전자나 DNA에 관한 새로운 기사를 다루고 있고 인간유전체계획으로부터 얻은 새로운 정보들은 겸상적혈구빈혈증, 테이삭스병, 남포성섬유증 같은 유전병들과 암이나 불임의 원인이 되는 유전자들을 찾아내는데 중요한 실마리를 제공해 주고 있다. 인간유전체계획은 이미 유전적 질병 및 장애, 그리고 여러 가지 질병의 원인이 되는 유전자를 찾아낼 수 있는 유전테스트기술 개발을 가능하게 했다.

유전병 환자의 유전체에서 기능이 상실되거나 변형되어 병을 유발시키는 유전자를 정상유전자로 바꿔줌으로써 그 기능을 회복시키고 결과적으로 병을 치유하는 '유전자치료(gene therapy)'가 실제 임상치료에 활용되고 있으며 의학생명공학기술의 실제적 응용실례의 선구자적 역할을 하고 있다. 가까운 미래에 이러한 기술들은 점점 더 일반화가 되리라고 여겨진다. '줄기세포(stem cell)'기술이 최근의 의학생명공학에서 가장 전망 있는 분야이지만 한편으로 이 기술은 과학분야에서 가장 커다란 논란의 대상이 되고 있는 것도 사실이다. 줄기세포는 신경세포, 혈구세포, 근육세포 등과 같은 실질적으로는 신체를 구성하고 있는 모든 조직이나 기관의 구성세포들로 전환될 수 있는 발생학적 운명이 아직 결정되지 않은 미성숙 세포이다. 줄기세포는 실험실에서 배양될 수 있으며 여러 가지 화학물질로 처리되면 인간의 다양한 생체조직들로 분화될 수가 있고 이는 상처를 입은 조직을 치료하기 위한 조직이식에 사용될 수도 있다. 줄기세포의 응용들은 매우 다양하지만 앞서 잠시 말한 것처럼 실제 사용에 대해서는 과학적, 윤리적, 법적인 문제들이 매우 복잡하게 얽혀있다.

■ 관리생명공학

생명공학사업의 매우 중요한 측면 중에 하나가 산업(체)을 통제하는 여러 가지 규칙들이다. 제약회사들이 생산약품의 안정성과 효과를 입증하기 위해 특별한 지침에 기초하여 신약을 평가하는 것처럼 생명공학 생산품들도 역시 실제로 사용되기 전에 조심스럽게 평가되어야 한다. 두 가지의 중요한 규약들은 '품질보증(quality assurance: QA)'과 '품질관리(quality control: QC)'이다. 품질보증은 최종 생산품질을 통제하는 과정들이 모두 포함되며 품질관리 절차에는 항상 정해놓은 기준에 따라 생산품이 만들어졌는지를 검정하기 위한 실험실 테스트와 생산공정 과정을 감독하는 제반 과정이 모두 포함되며 실제로 품질보증의 한 부분이기도 하다. 생명공학 생산품들이 그 순도와 기능들에서 엄격한 기준을 충족시키는지를 검사하는 품질보증 및 관리 그리고 특허획득, 법적 분쟁의 해결, 인간의 신체 및 건강과 관련된 특허품의 임상실험에 요구되는 규정 준수 등의 문제들이 관리생명공학에서 다루는 부분이기도 하다.

■ 생명공학이라는 '커다란 그림'

지금까지 생명공학의 대표적인 분야들을 개별적으로 간단히 알아보았는데 실제로 생명공학의 거의 모든 영역들은 서로 뚜렷이 구별되어 관계성이 없는 독립적 분야들을 유지한다기 보다는 서로가 긴밀한 상호관계를 맺고 있다. 예를 들면, 생물환경정화는 오염된 환경을 정화하기 위해 미생물(공학)에 대부분 의존하고 있다. 의학생명공학 조차도 재조합단백질 생산을 위해 미생물에 의존한다. 생명공학의 진정한 이

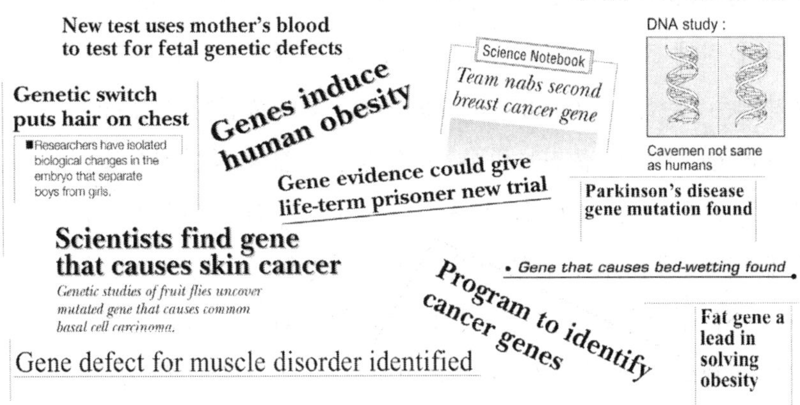

[뉴스의 표제 기사가 된 유전자]

해는 바로 이것을 하나의 '커다란 그림'으로 보는 것이다. 즉, 생명공학이 어떻게 과학의 여러 다른 분야들을 포함하며 생명공학의 다양한 영역들이 어떻게 서로 의존하고 있는지를 알아야 하는 것이다. 특히, 상호 의존적인 관계를 맺고 있는 과학분야들은 21세기 생명공학의 시대에 제시된 중요한 문제들을 해결하는데 중요한 역할을 하리라 생각된다.

2-3. 21세기의 생물학적 도전들

생명을 위협하는 질병을 치료하거나 기아문제를 해결하는 등의 오늘날 우리들에게 직면한 많은 문제들은 생물공학에 의해 해결될 수 있을 것이다. 이를 위해서는 무엇보다도 당면한 문제들에 대하여 가장 적절한 생명공학적 해결방법이 무엇인지를 찾아내고 계획하여 실행에 옮길 수 있는 우리 인간들의 실질적인 역량이 뒷받침 되야 할 것이다. 지금 이어서 논의되는 것들은 특히 의학생명공학이 미래의 우리의 삶을 어떻게 바꿀 수 있을지에 대한 몇 가지 전망에 대한 것이다.

■ 신기원의 생명공학 시대는 어떻게 전개될 것인가?

2001년은 생명공학의 발전에 있어서 커다란 이정표의 해였다. 그 해 2월 전 세계적으로 저명한 분자생물학자들로 이루어진 한 연구팀은 인간유전체계획의 주요성과로써 인간유전체정보에 대한 연구결과 발표를 위해 한 회견장에 모였다. 인간 염색체를 구성하는 DNA 사슬을 구성하는 염기배열의 판독이 거의 완성되었던 것이다. 놀라운 사실 중에 하나는 인간유전체를 구성하고 있는 유전자의 수가 원래 예측했던 것보다도 10만개 정도가 적었다. 다른 단원에서 다루웠지만 인간유전체계획은 2003년에 완료되었고 이것은 새로운 차원에서 생명공학의 발전을 일으킨 원동력으로 작용하게 된다.

인간유전체를 구성하고 있는 모든 유전자들의 염색체상의 위치와 그들의 DNA 염기서열을 밝힌다는 것은 복잡한 인간의 유전에 대한 정보와 지식을 심층 확대시키는데 커다란 도움을 줄 것이다. 인간 유전자의 분자적 기능과 이를 조절하는 인자들에 대한 기초연구는 유전자가 생체세포의 활성 및 기능을 통제하는 분자적 기작, 정상적인 유전자의 기능, 결함 유전자에 의한 질병 유발 등을 규명하는데 소중한 실마리를 제공할 것이고 더 나아가서는 인간의 진화에 대한 신비를 밝혀내기 위해 침팬지, 박테리아, 초파리, 선충과 같은 여러 종의 생물체들의 유전자들을 인간유전자와 비교함으로써 인간과 다른 생물종들 사이의 유연관계를 알아낼 수 있다.

인간의 유전병에 대한 보다 진보된 지식은 의학 발달에 커다란 영향을 주게 될 것이다. 그러나, 인간유전체계획이 과연 인간의 질병을 보다 효율적으로 치료하기 위하여 병의 원인이 되는 결함 유전자를 신속하고 간단하게 찾아 낼 수 있는 최적의 방법을 제시하고 있을까? 만약 그렇게 생각한다면, 이는 서로 그물처럼 얽혀있는 생명현상들의 복잡한 연관성을 근본적으로 간과한 것이다. 인간유전체로부터 얻은 과학적 정보들은 인체에 관하여 우리가 풀어야 할 문제들을 즉각적으로 해결해 줄 수 있는 요술구슬은 아니다. 오늘날 생명과학의 발달로 인해 수정란에서 시작하여 뇌의 분화과정까지 인간발생에 관여하는 모든 유전자들의 작용기전이 잘 규명되어 있다고 하더라도 아직도 우리는 어떻게 뇌가 정보를 유추하고 처리하여 기억으로 저장하는 지에 대해서는 전혀 모르고 있다. 인간유전체를 구성하고 있는 유전자들을 찾아내는 작업은 유전자에 의한 병증의 발생 및 감염기작 등을 밝혀내는 연구에서 극히 일부분을 차지한다. 인간유전체계획으로부터 얻은 과학적 정보들은 인간세포의 생명과 활성을 유지시키는데 필요한 단백질들의 총 집합체라 할 수 있는 '단백질체(proteome)'의 신비를 푸는데 활용될 것이며 궁극적으로는 질병과 관련된 유전자와 그 산물인 단백질의 구조와 기능에 대한 연구에 중요한 실마리를 제공하게 될 것이다. 인간유전체와 단백질체의 신비를 밝히는 것은 21세기를 가장 위대한 과학적 발견의 시대로 만들 것이다.

■ 인간유전체계획의 결과를 어떻게 활용할까?

아주 가까운 미래에는 다음과 같은 상황이 쉽게 벌어질 수 있을 것이다. 한 남자가 집 근처 약국에서 약사의 도움을 원하고 있다. 그는 최근에 관절염 때문에 오랫동안 복용하던 약을 다른 약으로 바꾸었으나 새로 바꾼 약은 옛날 약보다도 효능이 못하였다. 그래서 약사에게 "이 약은 가격도 비싸고 옛날에 먹던 약보다도 효능이 못합니다."라고 하니까 약사는 "글쎄요. 약이 때로는 모두에게 잘 듣지 않는 경우가 있죠."라고 대답했다. 이러한 대화는 현재 우리가 건강 및 질병치료를 위해 사용하고 있는 제약품들이 일반적으로 가지고 있는 문제점을 잘 보여주고 있다. 어떤 약들은 단지 특정한 환자들에게만 효능이 있다. 그렇다면 생명공학은 과연 위와 같은 상황에 처한 환자를 도와줄 수 있을까? 아마도 그 해답은 인간유전체계획으로부터 얻은 정보들의 활용에 있을 것이다.

많은 사람들이 근래에 위의 실례에 등장하는 환자가 접했던 것과 동일한 문제를 경험한다. 여러 환자들의 경험을 바탕으로 처방전 없이 판매되는 약이나 아니면 평범하고 일상적인 처방을 통한 관절염 치료법들은 거의가 모든 환자들에게 동일하게 작용하지는 않는다. 인간유전체정보는 아직 태어나지도 않은 아이들부터 나이든 노인들에 이르기까지 모든 연령대의 사람들에 대해서 빠르고 민감하게 초기에 유전병을 감지 및 진단할 수 있는 실마리를 제공해 왔고 앞으로도 그럴 것이다. 관절염의 경우 우리는 이미 유사한 병증을 가진 여러 형태의 관절염이 있다는 것을 안다. 최근의 유전학적 연구들은 이러한 다양한 관절염들은 서로 다른 유전자들에 의해 유발된다는 것을 밝혀냈다. 관절염 같은 유전병에 대한 보다 발전된 지식의 축적은 인간에게 좀 더 건강한 생활을 영위할 수 있는 기회를 제공해 줄 것이며 한편으로는 병을 치유하는데 있어서도 새롭고 보다 안전하며 효율적인 치료법을 개발해 내는 예방의학의 발달을 가져다 줄 것이다.

그러면 질병 유발 유전자 탐색을 통한 치료법의 개발이 어떻게 이루어질 수 있는지를 알아보기로 하자. 인간유전체계획결과의 활용은 질병 및 장애를 찾아내고 진단하는데 그 진가를 즉각적으로 발휘하였다. 질병유전자를 찾아내는 작업은 과학자들과 의사들이 다양한 유전병들의 징후를 검사하는데 커다란 도움을 주었고 이런 검사들은 앞으로도 더 많은 병들을 찾아내기 위해 계속 진행될 것이다. 그 중에서도 유전병 진단에 커다란 도움을 준 것 중 하나가 바로 '단일염기다형성(single nucleotide polymorphisms; SNPs)'이다. 이것은 인간의 어느 특정 DNA 염기서열에 있어서 개인별 차이를 만들어 내는 DNA 돌연변이나 단일염기변화들을 말한다. 이러한 DNA 구조의 미세한 변화들이 인간이 가지고 있는 유전적 변이의 가장 일반적인 실례이다.

단일염기다형성은 스트레스나 질병에 대한 반응에 영향을 줄 수 있고 겸상적혈구빈혈증 같은 유전병의 원인이 될 수 있는 DNA 염기서열상의 변이를 포함한다. 아마도 이것은 관절염, 심장마비, 암, 심장질환, 당뇨병 등과 같은 병들뿐만 아니라 행동 및 감정 조절 장애들에 관여되는 유전자들까지도 찾아내는데 도움을 주리라 기대된다. 인간유전체계획의 목표 중에 하나가 인간유전체에 대해서 단일염기다형성들을 찾아

내서 이에 관한 유전자지도를 만드는 것이었다. 한 국제 연구팀은 인간의 유전변이를 추적하고 연구하기 위해 일반적 지침으로 활용될 수 있는 수백만개의 단일염기다형성들에 대한 위치 및 염기서열 정보 등이 체계적으로 정리된 'HapMap'을 만들고 있다. 어떤 생명공학회사는 이미 270명의 실험대상의 유전체에서 발견된 4백만개 이상의 단일염기다형성을 분석하였다. 이 결과는 유방암을 치료하기 위해 개발된 신약들에서 중요하게 활용될 수 있다. 두 가지의 잘 알려져 있는 유방암 유전자인 *BRCA1*과 *BRCA2*는 전 세계에 걸쳐 대략 1700개의 변이를 갖는다. 이 유전자들이 알려지기 전에는 모든 유방암들의 화학치료법에서는 동일한 종류의 세포독성약물이 사용되어 왔다. 오늘날 허셉틴(herceptin), 리툭산(rituxan), 글리벡(glyevec), 타세바(tarceva) 같은 약들은 모두 *BRCA1*과 *BRCA2* 검사와 연관된 약물치료를 위해 사용되고 있다.

어떤 사람(환자)의 DNA에 대한 단일염기다형성 검사를 통해 그 사람이 가지고 있을 수도 있는 질병유전자들을 확인하고 찾아낼 수가 있다. 이를 위해서는 환자로부터 채취한 소량의 혈액으로부터 DNA를 분리해 내고 이를 가지고 '유전자칩(gene chip 또는 DNA microarray)'을 만드는 것이다. 이 유전자칩을 통해 한꺼번에 수천 개의 DNA 염기서열상의 변이를 확인할 수 있고 얻어진 유전자 칩 데이터를 컴퓨터로 분석함으로써 환자의 DNA가 가지고 있는 단일염기다형성을 찾아낼 수가 있다. 예를 들면 연구자들은 관절염 같은 병에 관여된 유전자들의 특이한 발현양상을 찾아내는데 유전자 칩 결과를 활용할 수가 있다.

단일염기다형성의 발견은 한편으로는 '약물유전체학(pharmacogenomics)'라는 생명공학의 신생분야를 탄생시키는데 일조를 했다. 이 분야는 맞춤형 의료서비스라고도 말할 수 있는데 약물효과를 극대화시키기 위해 각 환자들 고유의 유전정보를 기초로 하여 각 개인에게 제일 잘 맞는 약을 선택하고 이를 치료에 이용하는 것이다. 과연 약물유전체학이 난제로 남아있는 여러 가지 질병이나 장애를 치료할 수 있는 궁극적인 해결책을 제시해 줄 수 있을까? 지금 현재로서는 연구자들은 단지 가능성만을 가지고 추측만 할 뿐이지만 가까운 미래에 인간의 유전정보를 보다 더 효율적으로 활용할 수 있는 방법들이 개발된다면 추측이 아닌 현실로 이루어질 것이다.

약물유전체학은 위에서 실례로 든 이야기 속의 관절염 환자가 처한 문제를 가까운 미래에는 해결해 줄 수 있을지 모른다. 앞서 언급한 바와 같이 수 많은 유전자들이 여러 형태의 관절염에 관여되며 어떤 경우에는 가족의 혈통을 통해 유전이 되는 병으로서 그 유전양상을 명확히 파악하기 어렵다. 그리고 이런 경우는 아마도 또 다른 유전자들이 관여하거나 유전적 요소와는 다른 어떤 특이 인자들이 작용하는 것으로 알려져 있다. 환자의 혈액검사과정에서 채취된 DNA로 유전자칩 분석과 단일염기다형성을 조사함으로써 환자가 가지고 있는 관절염 유형과 그에 관여되는 유전자 정보를 얻을 수 있을

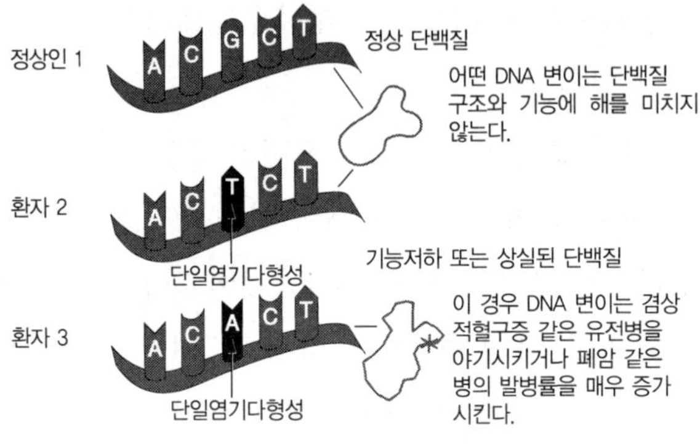

[단일염기다형성]

것이다. 그리고 이러한 유전정보로부터 의사는 환자가 가지고 있는 관절염에 가장 적합한 약물치료계획을 세울 수 있을 것이다. 다른 유형의 관절염을 가지고 있는 환자에게는 그 관절염에 특이한 유전정보를 활용하여 또 다른 치료가 주어질 수 있는 것이다. 이것이 바로 약물유전체학이 실제로 치료법에 응용될 수 있는 가장 대표적인 경우이다. 궁극적으로는 모든 사람 각자의 유전체 전체가 지니고 있는 고유 정보가 데이터화되어 저장될 것이고 이것들이 개인별 맞춤형의 치료법을 고안해 내는데 중요한 자료로 활용될 것이다. 한편, 이와 같은 의학(연구나 치료)관련 유전자검사는 철저한 보안 및 비밀보장 그리고 보건의료전달체계를 구축하는 주요 구성요소로써 제공될 수 있어야 하며 반드시 윤리적인 점들을 고려하여 수행되어야 할 것이다.

약물유전체학에 적용되었던 동일한 개념과 원리들이 암과

같은 다른 병들의 경우에도 적용될 수 있다. 암을 치료하기 위해 '화학요법(chemotherapy)'에 사용되는 대부분의 약들은 암세포뿐만 아니라 일반정상세포에도 무차별적으로 작용한다. 탈모, 건피증, 혈구수의 변화, 메스꺼움 등이 화학요법에 의한 정상세포에서의 부작용의 결과들이다. 그러나 만약 정상세포에는 해를 미치지 않고 암세포에만 특이적으로 작용하는 약이 개발된다면 어떻게 될까? 암의 유전학적 특성이 좀 더 심층적으로 연구되어 다양한 종류의 암에 대한 유전 정보에 기초하여 약이 개발된다면 가능할 수도 있을 것이다. 뿐만 아니라 단일염기다형성과 유전자 칩으로부터 얻은 정보들은 암 발병에 대해서 유전적 가족사가 있는 사람에게서 암이 발생되기 훨씬 이전에 특별한 종류의 암이 발생될 수 있는 위험도을 예측해 주는데 중요한 자료가 될 것이다. 그리고 그런 정보들은 질병의 예방차원에서 사람들에게 적합한 다이어트 방법이나 운동습관 등을 조언해 주고 계획해 주는데 일조를 할 것이다.

인간의 유전자형들 사이의 변이에 대한 연구로부터 파생된 또 다른 신생분야가 '대사체학(metabolomics)'이다. 이것은 세포대사의 변화로 인해 글루코스, 콜레스테롤, ATP, 신호전달물질 등과 같은 세포대사산물의 생화학 활성이 변화되는 것을 포착하여 분석하는 것으로써 수집된 정보는 직접적인 생리상태지표가 될 수 있으며 병에 걸려있는 환자에게 투약되는 약물효과를 계속적으로 확인할 수가 있다. 인간의 대사산물의 정확한 숫자는 알려져 있지 않지만 대략 2,000~10,000가지 정도가 공식적으로 확인되고 있다. 대사체학을 통해 병의 진행과정과 생리적 관점에서 병에 대한 적응과정을 구별할 수 있으며 이런 연구결과들이 신약개발의 초기단계에 활용된다면 전체적으로는 돈과 시간을 절약할 수가 있다. 예를 들면 어떤 한 제약회사에서는 최근에 몇 가지 실험 군으로 나뉜 생쥐들에게 콜레스테롤을 높이는 먹이를 준 후 여러 주를 걸쳐 주기적으로 혈장, 지방조직, 간으로부터 지질성분을 분석하는 연구를 수행하였고 이들 연구결과로부터 500가지 이상의 특이한 지질들을 발견하였다. 한편 한 무리의 실험쥐들은 동맥경화 발병률이 매우 높은 것으로 나타나는 등 동맥경화가 일어날 수 있는 다양한 생리상태에서 일어나는 차등적인 생체반응을 측정할 수 있는 좋은 연구실례가 되었다.

약물유전체학에 의한 맞춤형 약물치료법 개발과 함께 유전병을 퇴치할 수 있는 또 다른 획기적 방법중의 하나가 '유전자치료(gene therapy)'이다. 이 기술의 핵심은 어떤 한 유전형질을 통제하는 유전자가 결함이 생겼을 때 이를 정상 유전자로 대치하여 상실된 기능을 회복시켜 주는 것이다. 이를 위해 과학자들은 바이러스 등을 이용하여 정상 유전자를 인간 세포 속으로 운반시킬 수 있는 다양한 방법들을 연구하고 있다. 이 기술은 실제로 파킨슨병과 같은 신경계 관련 질병과 혈액(순환계) 장애를 치료하는데 이용되고 있다. 그러나 유전자치

[인간 유전체의 비밀]

료가 효율적이고 안전한 치료방법이 되기 위해서는 아직도 임상적인 측면에서 많은 문제들이 해결되어야 한다.

유전자치료의 실질적 한계점들 중에는 다음과 같은 것들이 있다. 과연 정상 유전자들이 어떻게 신체를 구성하는 모든 세포들에 빠짐없이 전달될 수 있을까? 그리고 인간세포의 핵 속에 여분의 유전자를 도입하였을 때 장기적 효과는 어떤 것이 있을까? 신체로 도입된 유전자가 만들어 내는 단백질이 정상적인 기능을 하고 있다는 것을 검증할 수 있는 방법이 어떤 것들이 있을까? 유전자치료는 1999년 유전자치료 문제로 소송과 재판이 있은 직후 사망한 제시 젤싱거(Jesse Gelsinger) 외 몇 명의 환자들에게서 합병증이 유발되어 이 기술에 대한 철저한 재평가와 조사가 진행되고 있다. 다른 새로운 기술로는 siRNA(small interfering RNA)를 이용하여 결함유전자의 발현 및 기능을 침묵(억제)시킴으로써 유전적 결함 자체를 회복시키는 기술이 있는데 이 내용은 여러분 스스로가 한번 살펴보기 바란다.

미래에는 줄기세포기술이 병을 치료하는 강력한 도구로 사용될 것이다. 앞에서 간단히 알아본 것처럼 줄기세포는 피부, 근육, 간, 신장, 혈구세포 등의 다양한 형태의 세포들을 만들어낼 수 있는 발생학적 운명이 결정되지 않은 미성숙 세포이다. 대부분의 줄기세포는 인간배아로부터 얻는데 이를 '배아줄기세포(embryonic stem cells; ES cells)'라 부르며 어떤 줄

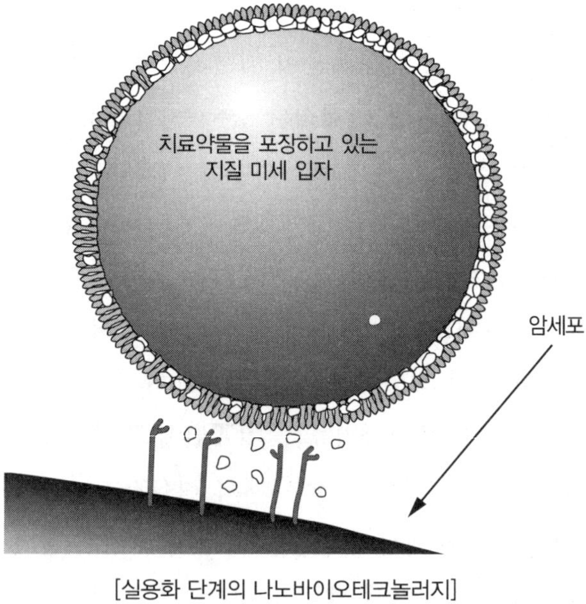

[실용화 단계의 나노바이오테크놀러지]

기세포는 신생아의 척수에 존재하는 혈액으로부터 얻을 수 있다. 최근에는 과학자들이 성인의 생체조직으로부터 '성체 줄기세포(adult-derived stem cells: ASCs)'를 분리해 내는데 성공하였다.

처리방법에 따라 줄기세포는 거의 모든 형태의 생체조직으로 유도, 형성될 수 있다. 상처가 나서 재생이 되지 않거나 완전히 분화되지 않은 간, 췌장, 망막 등의 신체 여러 기관들을 이와 같이 실험실에서 배양되고 있는 피부세포, 혈구세포, 신경의 뉴런등과 같은 생체조직들과 기관들로 대체한다는 것을 상상해 보아라. '재생의학(regenerative medicine)'이란 바로 이러한 의료기술을 언급하는 것이며 미래에는 과학자들은 유전적 장애를 가지고 있는 환자들로부터 채취된 줄기세포를 유전자치료기술을 적용하여 그것들을 원래 세포를 제공한 환자에게 다시 삽입시킴으로써 유전병을 치유할 수 있을지 모른다. 이와 같은 일은 이미 가능한 것이 되고 있어 21세기 생명공학의 시대에서는 이러한 기술들이 최대한도로 실용화될 수 있을 것이다.

지금까지 보여준 여러 실례들을 통해서 의학생명공학의 발달에 있어서 미래는 매우 밝을 것이라 추측된다. 비록 약물유전체학, 유전자치료, 줄기세포기술들이 의학에서 풀어야 할 다양한 유전적 문제들을 모두 해결해 줄 수 있는 해답들은 아니지만 유전공학에 있어서 끊임없이 진행되고 있는 진보는 불가능해 보이던 문제들에 대한 해결책을 가까운 미래에서는 찾을 수 있다는 희망을 안겨주고 있다. 지금까지 우리는 현재 생명공학의 시대에 우리가 경험해 가고 있는 생명공학기술의 의학적 응용들에 있어서 몇 가지 대표적인 실례들을 알아 보았다. 마지막으로 이어지는 부분에서는 산업체에서 생명공학에 관한 직업(경력) 종류들에 대해서 간단히 알아보기로 하자.

2-4. 생명공학을 이끄는 전문인력

인간유전체계획으로 달성한 연구성과들은 생명공학관련 회사들과 이 분야의 직업을 갖기를 원하는 사람들에게 새로운 기회를 제공할 수 있게 되었다. 하지만 해결해야 할 커다란 과제 중에 하나는 방대한 유전정보의 비밀을 풀고 그 의미들이 유전자, 건강, 질병과 가지고 있는 복잡한 상관관계들을 해석해 낼 수 있는 전문인력을 양성하는 것일 것이다.

생명공학 연구자들은 DNA 염기서열, 유전자칩과 단일염기다형성, DNA 및 단백질의 구조 분석을 위한 컴퓨터 모델링 그리고 분자구조를 연구하기 위한 물리화학 등으로부터 얻은 수 많은 데이터를 능숙하게 분석할 수 있어야 한다. 생명공학회사들은 복잡한 데이터를 익숙하게 분석할 수 있고 팀 차원에서 자신의 전문적 지식을 다른 사람들과 공유하며 문제해결을 해 나갈 수 있는 그런 인재를 찾고 있다. 생명공학을 이끄는 주요 구성인력들은 다양한 과학기술분야의 전문가들에 대해서 종합적으로 구성되어 있다.

■ 생명공학사업

1976년 제넨텍(Genentech)이라는 최초의 생명공학회사가 미국 캘리포니아 샌프란시스코 근방에 설립되었고 그 성공 사례는 생명공학산업의 본격적인 시작을 알렸다. 오늘날 생명공학은 수 백 가지의 생산품을 판매하여 전 세계적으로 총 630억 달러 이상의 수익을 벌어들이는 세계적인 산업이다. 특히, 많은 생명공학회사들이 암 치료법 개발에 집중투자를 하고 있는데 미국 내에서만도 암은 심장병 다음으로 주요 사망원인이며 미국인의 거의 40%가 평생 암 진단을 받고 있기 때문에 장기적인 측면으로도 안정되고 높은 수익을 낼 수 있는 사업이기 때문이다. 그 외 미국에서 생산되는 350개 이상의 생명공학 생산품들은 당뇨병, 심장병, 알츠하이머와 파킨슨병, 관절염, 에이즈 등과 같은 병들에 대한 진단 및 치료관련 제품들로 구성되어 있다.

연구개발 역사가 적은 국가들 조차도 첨단기술혁신을 위해 생명공학사업육성에 힘을 다하고 있다. 북미와 유럽이 생명공학회사들의 대략 85%를 차지하고 있지만 전세계적으로는 54개 국가들에 4,900개 이상의 회사들이 설립되어있다. 그러나 세계적으로 유명한 생명공학회사들이 주로 미국에 위치해 있으며, 최근에 미국에는 대략 1,500개 정도의 생명공학회사들이 연구개발을 위해 대학들과 밀접하게 연계되어 있

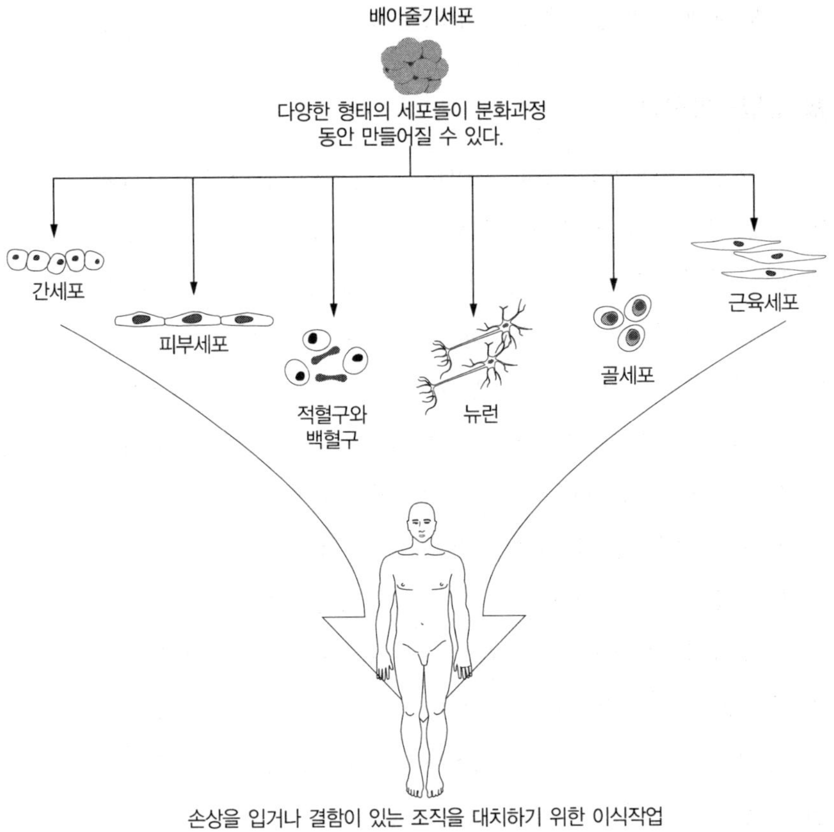

[배아줄기세포는 여러 형태의 분화된 세포들로 전환될 수 있다]

거나 생명공학기술 개발의 원천인 기초과학을 집중적으로 연구하는 대학들 근처에 위치해 있다.

■ 생명공학회사의 조직 및 연합

이 시점에서 아마도 "생명공학회사와 제약회사가 무엇이 다른가?"라는 질문을 던질 것이다. 대부분의 사람들은 가족이나 자신이 머크(Merk), 존슨&존슨(Johnson & Johnson) 또는 화이자(Pfizer) 같은 제약회사들은 그들의 생산제품을 오래 전부터 많이 사용해 왔기 때문에 쉽게 회사 이름을 떠올리게 된다. 그러나 생명공학회사의 경우는 아직도 대중에게 그리 친숙하게 다가와 있지 못하며 생명공학회사와 제약회사의 다른 점 역시 잘 알려져 있지 않다. 규모가 큰 제약회사들은 일반적으로 '대형 제약회사'라 불리는데 이 회사들은 약의 재료가

[생명공학회사는 다양한 전공 분야와 경험을 가지고 있는 연구원들에게 최적의 기회를 제공하고 있다]

[상위 다섯 생명공학회사와 제약회사의 연구개발 예산]

생명공학회사	예산 ($ Millions)
Amgen	$12,022
Genentech	$6,633
Genzyme	$2,597
Biogen Idec	$2,377
Chiron	$1,921
제약회사	
Pfizer	$51,298
Johnson& Johnson	$50,656
Merck & Co.	$22,000
Bristol- Myers Squibb	$19,207
Eli Lilly & Co.	$14,645

출처: Ernst & Young, Beyond Borders: Global Biotechnology Report 2006

되는 화합물을 정제하거나 두통약, 제산제, 감기약 등과 같은 생산품을 화학적으로 합성함으로써 주로 신약개발에 관여하고 있다. 생명공학회사와는 반대로 제약회사들은 재조합단백질과 같은 상품을 생산하기 위해 살아있는 생물체를 이용하지는 않는다. 그러나 오늘날에는 많은 대형제약회사들도 생명공학과 관련된 연구 및 제품개발에 직접적으로 아니면 생명공학회사들과 연합하여 참여하기 때문에 이와 같은 차이가 실제로 애매모호하게 되었다.

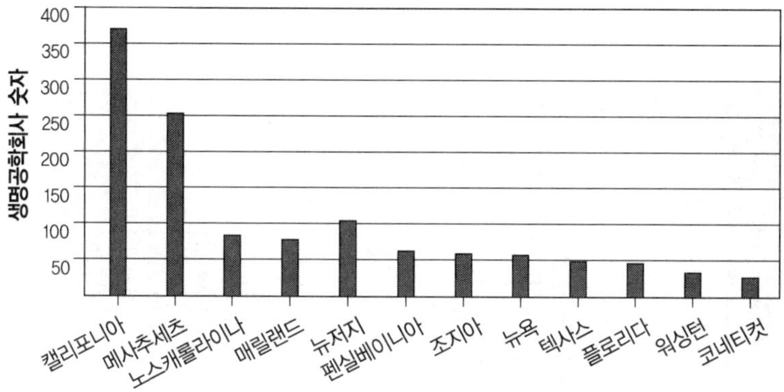

[미국 생명공학회사의 분포]

생명공학회사는 인력규모에 있어서도 직원수가 50명 미만인 작은 회사부터 시작해서 300명 이상의 직원을 둔 큰 회사까지 다양하다. 역사적으로 볼 때 대부분의 생명공학회사들은 처음에는 의학치료용 재조합단백질 같은 고부가가치 생산품을 만들어 낼 목적으로 몇 명의 창립연구자들로 이루어진 소규모 '신생기업(start-up company)'에서 시작된다. 그리고 나서 제품생산을 위해 필요한 연속적인 연구개발지원과 실험장비구입 등을 위한 자금지원을 할 수 있는 투자자를 찾아야만 한다. 만약 그들이 생산품을 시장에 판매할 단계까지 성공하게 된다면 많은 경우 신생기업들은 이미 자리를 잡고 있는 거대기업들에 합병된다. 제약회사와 생명공학회사의 조직화된 체계구성에는 많은 유사성이 있는데 이러한 조직화의 여러 가지 양상을 아래의 미국의 예를 들어 좀 더 자세히 알아보도록 하자.

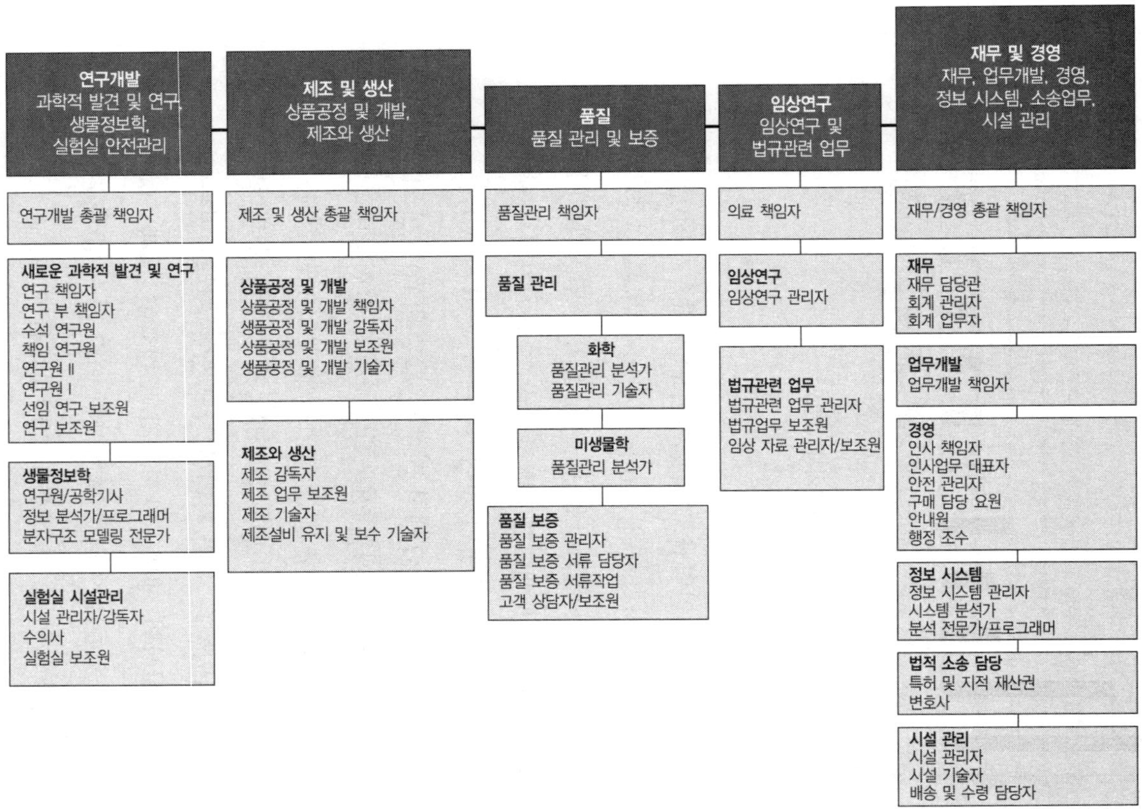

[중형 생명공학회사의 조직도]

■ 생명공학분야에서 직종

미국에서는 약 20만 명 이상의 사람들이 생명공학기업에서 일하고 있다. 생명공학사업을 위해서는 기초연구개발, 컴퓨터 프로그래머, 실험실 관리자, 판매 및 유통 등에 관련하여 수많은 종류의 업무가 종합적으로 이루어져야 하며 이 모든 것들이 생명공학산업에는 필수적인 것들이다. 세세한 직종까지를 모두 언급하는 것은 지면상 한계가 있는 관계로 여기서는 생명공학에서 가용한 대표적 직무들을 중심으로 알아보기로 한다.

| 연구개발 |

생명공학에서 신제품개발은 장기간의 시간과 돈을 요구하는 과정이다. 생명공학의 '연구개발(research and development; R&D)'에 참여하는 개개인들은 모두 직접적으로 아이디어 개발뿐만 아니라(예를 들면, 어떤 질병을 치료하기 위해 최근에 클로닝된 유전자로부터 생산된 재조합 단백질을 사용하는 것 등등) 실제로 그것을 상품화할 수 있는지를 결정짓는 검증실험을 계획하고 실행하는데 참여한다. 그러나 이 과정은 엄청난 시행착오를 요구한다. 규모가 가장 큰 회사부터 가장 작은 회사까지 모든 생명공학회사들은 연구개발을 주 임무로 하는 연구원들을 채용하고 있다. 평균적으로 생명공학회사들은 다른 첨단기술 산업체들보다도 최소 4배가 많은 자금을 연구개발에 투자한다. 어떤 회사들에서는 연구개발에 책정된 예산이 운영

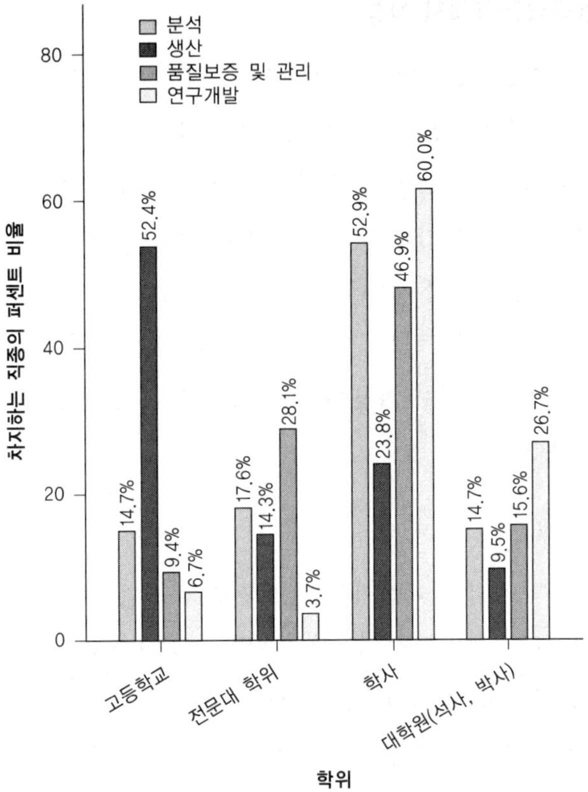

[초임급 기술자에게 요구되는 최소 교육 수준]

예산의 50%에 가깝다. 그러므로, 연구개발은 대부분 생명공학회사들의 흥망을 결정짓는 핵심요소가 되는 것이다.

연구개발팀에 채용되기 위해서는 대부분은 화학, 생물학 또는 생화학에서 학사 이상의 학위를 가지고 있어야 한다. 한편 '실험 기술자(lab technician)'가 되기 위해서는 생물학이나 화학 아니면 다른 과학전공에서 석사학위를 가지고 있어야 하는데 주 임무는 연구원들이 사용한 도구를 깨끗이 정리 유지하고 실험 자재들이 부족하지 않도록 준비해주는 것이다. 또 다른 유형의 직업이 '연구조수(research assistants/associates)'인데 생물학이나 화학에서 학사나 석사학위를 가지고 있어야 하며 노련하고 경험이 풍부한 선임 또는 책임연구원들의 직접적 감독하에 실험을 수행하므로 이들을 '실험실 연구원(bench scientists)'이라 부른다. 그들은 다른 연구원들과의 공조하에 연구를 수행하며 실험을 계획 및 실행하고 결과를 해석하는 작업에 역시 관여하며 논문이나 보고서를 준비하고 실험방법 지침서와 실험 데이터를 정리 요약하는 일들도 한다.

좀 더 높은 지위인 '선임/책임연구원(principal/senior Scientists)'은 다른 하급연구원들을 지도하기 위해서 연구와 운영기술에 있어서 상당한 실제 경험을 가진 박사학위 소지자들이며 실제로 회사에서 연구를 책임지는 연구책임들이다. 주요임무들은 회사가 우선적으로 요구하는 연구들을 계획하고 수행하는 것이고 한편으로는 (학술)회의에서 회사의 연구개발에 대한 대변인 역할도 하며 특허신청을 담당하기도 하고 연구진행에 대한 보고서 작성 및 연구비지원 그리고 회사의 최고 경영진들에게 조언자의 역할을 하기도 한다. 지금까지 기술된 직무들은 회사마다 다를 수 있다. 그러나 만약 새로운 과학적 발견에 관심이 있다면 연구개발에 참여하는 것이 아마도 가장 적절한 선택일 것이다.

급속도로 발전하고 있는 '생물정보학(Bioinformatics)'은 DNA와 단백질에 관한 실험 자료를 분석하기 위해 컴퓨터를 이용하는 것으로써 컴퓨터 프로그래밍, 통계학, 생물학의 기초지식을 필요로 한다. 최근까지는 생물정보학 전문가들은 분자생물학을 스스로 공부한 컴퓨터 과학자이거나 컴퓨터과학, 데이터분석, 수학을 스스로 공부한 분자생물학자들이었다. 그러나 지금은 처음부터 컴퓨터과학 전공 학생들이 생명공학과목도 함께 수강을 하고 생물공학전공 학생들이 컴퓨터과학강좌를 듣는다. 더욱이 생물정보학을 특별강좌 프로그램으로 만들어 주요 종합대학교나 기술대학 등에서는 학생들을 훈련시켜 전문적인 '생물정보학자(bioinformaticists)'를 양성하기 시작했다.

많은 사람들이 인간유전체계획으로부터 얻은 엄청난 데이터를 분석하기 위해서는 생명공학과 정보기술공학이 접목되어야 한다고 생각하고 있다. 생물정보학자들은 DNA 염기서열이나 단백질의 아미노산서열에 대한 정보를 분석 및 정리하여 그 결과를 대중과 공유할 수 있도록 해주는 역할을 한다. 인간유전체는 30억 개 이상의 염기쌍을 포함하고 있으며 다른 생물 종들로부터 수 천 개 염기들로 구성된 다량의 염기서열 데이터가 매일 전세계적으로 데이터베이스에 업데이트되고 있다. 그리고 이와 같은 방대한 양의 정보를 분석하기 위해서는 정교한 컴퓨터 프로그램이 필요하다. 한편, 생물정보학자들은 단일염기다형성과 (환자에게서)병증의 진행상태를 구별인식하기 위해 신경망모형과 의사결정흐름도 같은 컴퓨터 모델링기법들을 사용한다. 만약 생물학적 지식과 컴퓨터 과학기법을 접목한 분야에 관심 있다면 생물정보학이 또 다른 좋은 직무의 선택이 될 것이다.

| 시설운용, 제조 및 생산 |

시설운용, 제조 및 생산은 생명공학회사를 구성하고 있는 또 다른 분리된 요소로써 생산품을 만들어 내는데 관여되는 실험과정이나 장비조작 등과 같이 제품개발을 위해 특수하게 고려되는 세부적인 것들은 다루지 않는다. 여기에는 종종 생산품으로 팔리는 약리물질이나 재조합단백질을 만들어내는 배양세포를 대규모로 키우는 '스케일-업(scale-up)'과정이 포함된다. 이것은 단순한 일이 아닌데 가장 좋은 비유로 스케일-업 작업은 혼자만 먹을 음식을 요리하는 것과 50명의 사람들을 위한 저녁만찬을 준비하는 것의 차이를 생각하면 될 것이다. 바이오 제조와 생산 팀들은 생산과정 동안 사용되는 대규모/대용량 기구 및 설비를 유지하고 관리하는 한편 회사가 적합한 생산절차를 따르고 있고 생산품에 대한 기록들을 적절히 유지하고 있는지를 확인한다. 바이오 제조 작업의 세부적인 것들은 회사가 생산하고 있는 특별한 생산품에 따라 다르다. 초급의 직무는 창고직원, 제조 보조 및 감독이 있다. 관리직무에 채용되기 위해서는 보통 생물학이나 화학에서 학사나 석사학위를 소지하고 있어야 하며 2~3년 정도의 입사하려 하는 회사의 생산제품이나 아니면 다른 회사의 생산품들을 제조 및 생산해 본 경험이 필요하다. 제조 및 생산은 또한 화학, 전자, 환경 또는 산업공학 분야에서 훈련을 받은 공학자들을 필요로 한다. 공학 관련 직무는 보통 생물학에서 석사, 공학에서는 학사학위를 요구한다.

| 품질보증 및 관리 |

대부분의 생명공학 생산품들은 식품의약국(FDA), 환경보호국(EPA), 농무성(USDA)과 같은 연방관리국들에 의해 엄격히 통제되고 있다. 그들은 생산 및 제조과정이 정확히 감독관리원들에 의해 승인된 방법을 따르고 있는지를 평가한다. 이전에 설명한 것처럼 품질보증의 주목적은 모든 생산품에 대하여 최종품질을 보증하는 것이다. 품질관리는 생산품들이 연방관리국들에 의해 요구되는 규정을 철저히 준수하여 만들어졌는지를 최종적으로 확인하는 작업이다. 뿐만 아니라 품질보증 및 관리 담당자들은 장비와 시설 그리고 직원들의 감독과 서류작업의 검토, 시제품의 검사, 고객문의 및 불만을 처리하는 등의 다양한 업무를 맡고 있다. 품질보증 및 관리분야의 초임급은 품질검사원, 서류정리원, 품질관리 감독자가 있으며 보통 생물학에서 최소한 학사학위를 가지고 있어야 하며 실무급이나 감독직급은 학사 이상의 학위를 요구한다.

| 임상실험연구와 안전관리 |

미국에서 신약개발이란 지원자들을 대상으로 한 임상테스트를 통해 최종적으로 식품안전국(FDA)의 승인을 받아야만 하는 시간과 돈이 많이 요구되는 과정이다. 생명공학에서 임상테스트를 요구하지 않는 다른 분야들과 함께 임상테스트 과정은 여러 관리기관들의 통제를 받고 있다. 결과적으로 모든 생명공학회사에는 생산품의 출시과정뿐만 아니라 이와 관계된 모든 과정들이 적합한 규정을 모두 따르고 있는지를 확인하고 감독하는 직원들이 있다.

| 마케팅, 판매, 법률 담당 |

의료기구부터 신약에 이르기까지 다양한 생명공학 생산품을 마케팅하고 판매하는 일은 역시 생명공학사업에서 없어서는 안 되는 부분이다. 생명공학 마케팅 및 판매부서에 고용된 대부분의 사람들은 과학분야에서 학사학위를 가지고 있고 마케팅에서 학사를 동시에 가지고 있거나 사업 및 경영 관련 과목들을 이수한 경험이 있으면서 생명공학과 관련된 과학적 지식을 갖추고 있어야 한다. 소위 '판매사원(sales representatives)'은 회사 생산품을 판촉 하기 위해 의사, 병원, 의료기관들을 대상으로 하며 '마케팅 전문가(marketing specialists)'는 회사 상품에 대한 고객의 요구도를 창출하고 증가시키기 위해 판촉물과 광고선전 등을 고안해 낸다. 판매사원과 마케팅 전문가는 종종 무역박람회에 참석하기도 한다.

이들은 과학에 대한 지식이나 상식이 풍부해야 하는데 고객들의 생산품에 대한 질문에 만족할 만한 답을 줄 수 있는 능력이 마케팅과 판매의 성패를 가르는 중요한 요소이기 때문이다. 생명공학회사에서 '법률전문가(고문)(legal specialists)'는 신제품 개발과 마케팅에 관련한 법적 문제들을 처리하며 문제가 있는 제품에 대한 소비자의 법적 소송과 같은 문제들도 역시 다루고 있다.

■ 생명공학분야에서 임금

생명공학산업체에서 일하는 사람들은 질병을 치료하고 식품의 생산공정을 개선하고 환경정화를 하기 위해 획기적인 과학적 발견을 하거나 그와 관련된 제품생산에 관여하게 된다. 인간 삶의 질을 높이기 위해 생물체를 이용하는 과정이 벌써 오래 전부터 있어왔다 할지라도 체계적인 생명공학산업은 대략 25년의 짧은 역사를 가지고 있다. 점진적으로 규모가 커가는 생명공학에서는 능력에 따라 급료와 혜택들이 달라지며 대부분의 직원들은 그들의 직무에 매우 만족해 하고 있다.

상품판매부분에서 일하는 생명공학기업의 직원들의 임금은 일반적으로 대학교 같은 비영리 학문중심기관에서 일하는 연구원들보다 훨씬 더 높다. 생명공학기업체에서 일하는 연구원들의 임금은 과학을 직업으로 삼는 사람들 중에서는 매우 높은 편에 속한다. 2000년 캘리포니아 주에서만 생명공학기업체에서 일하는 직원들의 임금으로 130억 달러가 지불되었고 동일한 해에 세계에서 가장 유명한 다섯 생명공학회사들에서는 채용된 직원 한 명 당 평균 89,400달러가 지불되었다.

AON 컨설팅회사의 Radford 지부가 400 여개의 생명공학회사들을 대상으로 벌인 설문조사에 따르면 연구경험이 없는 생물학, 화학, 분자생물학 박사학위 소지자들은 평균 연봉이 55,700달러였고 선임급 연구원들은 120,000달러를 넘는 연봉을 받았다. 동일 분야에서 석사 소지자들은 평균 연봉이 40,600달러이고 학사 소지자들은 32,500달러였다. 여기 소개된 월급액수를 산출하기 위해 사용된 설문조사의 최신정보를 얻기 위해서는 Radford 생명공학회사의 임금지급보고서, 과학 및 공학분야 직업위원회, 미국인사관리소를 검색해보기 바란다.

국가 전체를 상대로 한 설문조사에 따르면 생명공학 훈련프로그램에 참여하는 대학생들의 56%는 거의 아니면 전혀 이전에 과학적 지식이나 경험을 해 본 적이 없는 것으로 보고되고 있다. 그러므로 생물학이나 화학을 전공하지 않았지만 회사에서 요구하는 생물학분야의 지식과 숙련된 실험기술을 가지고 있다면 여러 다양한 분야에서 좋은 일자리를 찾을 수 있으나 최근에는 많은 회사들이 대학교 이상을 졸업한 실제 전공자들을 선호하여 채용하고 있는 추세이다.

■ 생명공학산업체의 채용추세

생명공학분야에 대한 직업전망은 매우 밝다. 생명공학기업체는 1992년 이후 규모가 3배나 증가했고 세계적으로 생명공학회사들의 예산은 1992년 대략 80억 달러에서 2001년에는 거의 280억 달러로 증가했다. 이와 같은 발전의 결과, 1995년에서 1999년까지 4년 동안 미국 생명공학기업체는 48.5%까지 채용인력을 늘였고 이러한 증가추세는 앞으로도 계속될 것이다. 많은 생명공학회사들은 숙련된 실험기술자 수준의 직무역량을 갖춘 사람을 채용할 때 학위증만을 가지고 채용하는 형식적인 인사관리 방법을 버리고 실제로 필요로 하는 직무에 맞는 특화된 훈련 경험이 많은 사람들을 채용하는 것이 훨씬 더 효과적이고 생산적이라는 것을 알게 되었다. 최근에는 생물정보학, 단백질체, 유전체 연구에서 채용공고가 급속히 늘어나고 있으며 특히, 신약개발이 구직시장에서 인기 있는 분야가 되고 있다.

규모가 큰 생명공학회사들은 위치에 상관없이 급속도로 성장하고 있으며 거의 모든 직종을 필요로 하고 있는데 특별히 서로 다른 팀들 사이의 상호 협조관계를 형성하고 유지할 수 있는 능력을 채용심사의 주요 기준으로 삼고 있다. 실제로 타 부서나 회사와 공조관계를 맺는 것이 신약개발사업에서는 일반적 경향이 되었고 그러한 관계들을 만들 수 있는 개인적 능력이 높이 평가되고 있다.

그 외 또 다른 주요경향은 회사들이 다방면의 기술분야에서 능통한 사람을 필요로 한다는 것이다. 예를 들면, 생물학에서 학위를 가지고 있고 정보공학을 부전공으로 하고 수학과목을 이수한 사람이 구직시장에서 직업을 얻을 확률이 매우 커진다는 것이다. 과학분야에서 체계적인 경험과 논리적인 화술과 작문능력 그리고 하나의 팀 구성원으로서 협력관계 속에서 조화롭게 일할 수 있는 사람들이 훨씬 더 필요한 추세가 되고 있다.

03

생명과학에서 배우는 과목

생명과학과 혹은 이와 관련된 학과에서는 일반적으로 다음과 같은 과목들을 학습하게 된다.

■ 분자생물학

분자 수준에서의 생명 현상을 이해하고 그것이 우리가 눈으로 보는 생명 현상과 어떻게 연결되는가를 규명하는 학문이다.

분자생물학 연구자들은 분자생물학 특유의 기법(기술)을 사용하며 유전학, 생화학분야에서 활용되는 다양한 기법들과 아이디어들을 융합시켜 발전해나가고 있다. 이들 분야 사이에 정확한 구분을 짓는다는 것은 사실 불가능하지만 다음 내용의 이해를 통해 대략적인 특징은 이해할 수 있을 것이다.

- 생화학은 살아있는 유기체에서 일어나는 생명 활동 과정과 그 속에 존재하는 화학물질에 대해 다룬다. 특히 생화학자들은 생체분자의 구조, 기능, 역할에 중점을 두고 연구한다. 예를 들자면 생체 내에서 활성을 띠는 분자들의

합성과정을 연구하는 것이 대표적이다.

- 유전학은 개체 간 유전학적인 차이를 다룬다. 대개 이러한 차이는 돌연변이 연구를 통해서 밝혀진다. 여기서 돌연변이란 정상적인 개체(야생형)와 비교하여 하나 이상의 기능적 요소가 결핍되거나 과잉 보유한 상태를 말한다.
- 분자생물학은 유전체의 복제, 전사 및 번역 과정 전체에서 분자적 기반을 연구하는 학문이다. 이 분야의 주된 연구는 중심이론(central dogma)의 흐름에 따른다. DNA의 전사로 인해 RNA가 되고 이것의 번역과정을 통해 최종적으로 단백질이 만들어지는 과정을 일컫는 중심이론은 최근 새롭게 밝혀지고 있는 역전사 효소 및 RNA의 세로운 기능에 의해 조금씩 수정되고 있다.

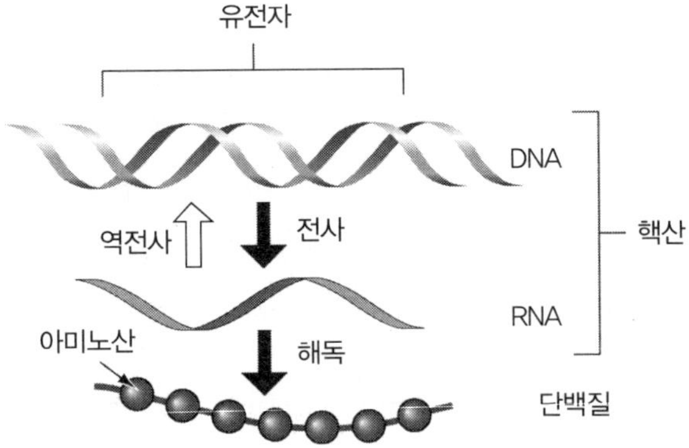

[중심원리]

대부분의 분자생물학 연구는 정량분석을 거친다. 최근 컴퓨터공학의 도입으로 개척된 생체정보학등 컴퓨터를 이용한 자동화된 연구환경이 편리하게 작업을 도와준다. 2000년대 인간유전체계획(human genome project)에 의해 부각된 분자유전학(유전자의 구조와 기능을 밝히는 분야)이 현재 가장 활발한 분자생물학의 하위 분야이다.

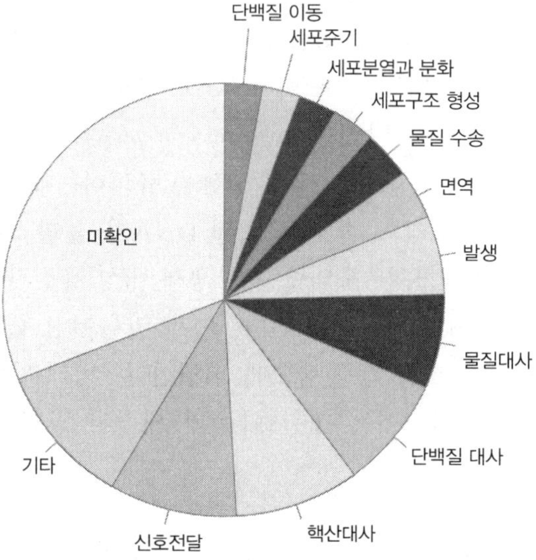

[인간의 유전체에 존재하는 유전자들의 알려진 기능과 상대적 빈도]

점점 더 많은 생물학 분야들이 분자에 많은 관심을 기울이고 있다. 세포생물학이나 발생학처럼 직접적으로 분자 자체를 연구하는 분야도 있고, 분자생물학의 연구 테크닉을 응용하여 간접적으로 분자를 다루는 진화생물학도 있다. 일례로 생물물리학에는 철저하게 분자생물학을 연구하는 것이 오랜 전통으로 남아있다.

분자생물학에서 사용되는 주요 기술

단백질 발현 클로닝(expression cloning)

단백질의 기능을 알아내는 가장 기본적인 기법 중의 하나가 단백질 발현 클로닝(expression cloning)이다. 과정을 설명하자면 다음과 같다. 먼저 목표 단백질의 아미노산 서열을 암호화하고 있는 DNA를 플라스미드에 클로닝한다(PCR을 이용하거나 제한 효소를 이용한다.). 이렇게 만들어진 재조합 플라스미드를 발현벡터(expression vector)라고 한다. 이 플라스미드는 목표 단백질의 생산을 유도하는데 쓰이는 특징적인 프로모터와 함께 삽입된 DNA가 플라스미드로부터 유실되지 않도록 도와주는 항생제 내성 유전자(antibiotic resistance markers)를 갖고 있다. 이제 만들어진 플라스미드를 박테리아 또는 동물세포에 도입한다. 박테리아에 플라스미드를 도입시키는 데는 다음의 세가지 방법이 사용된다.

- 형질전환(transformation): DNA를 직접적으로 넣는 방법
- 접합(conjugation): 세포 간 접촉을 통해
- 형질주입(transduction): 바이러스를 운반체로 사용

동물세포와 같은 진핵세포의 경우에는 특별히 트랜스펙션(transfection)이라 부른다. 인산화칼슘(calcium phosphate) 트랜스펙션, 전기천공법(electrotransfection), 미세주입법(microinjection) 그리고 리포좀 주입법(liposome injection) 등

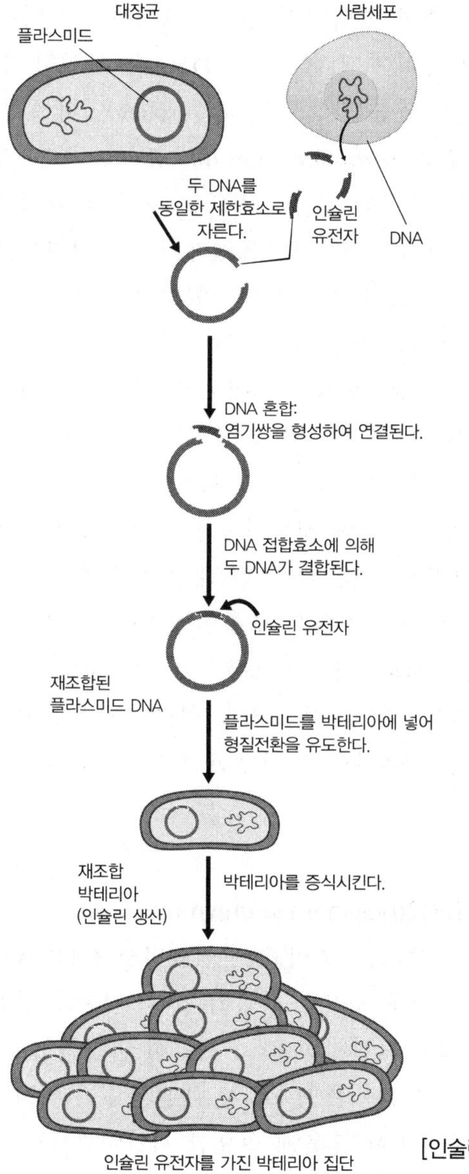
대장균
사람세포
플라스미드
두 DNA를
동일한 제한효소로
자른다.
인슐린
유전자
DNA
DNA 혼합:
염기쌍을 형성하여 연결된다.
DNA 접합효소에 의해
두 DNA가 결합된다.
인슐린 유전자
재조합된
플라스미드 DNA
플라스미드를 박테리아에 넣어
형질전환을 유도한다.
재조합
박테리아
(인슐린 생산)
박테리아를 증식시킨다.
인슐린 유전자를 가진 박테리아 집단

[인슐린 유전자의 재조합]

이 대표적인 트랜스펙션 방법이다. 또한 바이러스나 박테리아를 운반체로 사용하여 진핵세포에 DNA를 도입할 수도 있다. 후자의 경우 종종 박토펙션(bactofection)이라 불린다. 박토펙션에는 주로 *Agrobacterium tumefaciens*라는 박테리아가 사용된다. 도입된 플라스미드는 숙주의 유전체에 안정적으로 삽입될 수도 있지만 유전체와는 독립적으로 떨어져서 존재할 수도 있다. 이 경우를 임시적 트랜스펙션(transient transfection)이라 한다. 둘 중 어느 쪽이든, 목표 단백질을 암호화한 DNA는 숙주세포 내에 존재하므로 지금부터 단백질은 발현 가능하다. 프로모터에 결합하여 유전자 발현을 도와주는 다양한 시스템과 특정 신호전달 물질들이 모두 존재하므로 가능한 것이다. 일단 여기까지 진행되면 이제부터 연구자들은 숙주로부터 대량의 단백질을 만들고 추출할 수 있다. 연구자들은 추출한 단백질이 다양한 환경에서 활성을 나타내는지 알아보는 실험을 하며, 3차 구조의 연구를 위하여 결정을 만들기도 한다. 제약 산업에서는 목표 단백질에 작용하도록 개발된 신약의 성능을 알아보기도 한다.

– 중합효소 연쇄반응(polymerase chain reaction)

PCR이라고 흔히 불리는 중합효소 연쇄반응은 DNA를 복제할 때 매우 요긴하게 쓰이는 기법이다. 이 기술은 사람의 유전체와 같은 매우 복잡하며 양이 지극히 미량인 DNA 용액에서 연구자가 원하는 특정 DNA 단편만을 선택적으로 증폭시킬 수 있다. 또한 증폭에 필요한 시간이 2시간 정도로 짧으며, 실험 과정이 단순하고, 전자동 기계로 증폭할 수 있기 때문에, PCR과 여기서 파생한 여러 가지 기술은 분자생물학, 의료, 범죄 수사, 생물의 분류 등 DNA를 취급하는 작업 전반에서 매우 중요한 역할을 담당하고 있다.

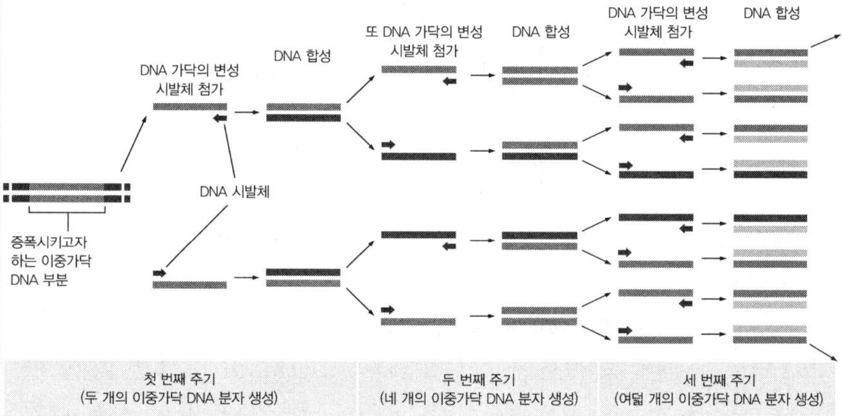

[중합효소 연쇄반응(PCR)]

– 겔 전기 영동법(gel electrophoresis)

겔 전기 영동법은 매질인 겔(gel)에 전류를 흘려보내 DNA, RNA, 단백질 등을 분리하는 실험 방법이다. DNA, RNA 그리고 단백질의 전하를 띠는 성질을 이용해 전기장 내에서 각각을 분리시키는 것이 전기영동 기본 원리이다. 아가로즈(agarose)를 겔로 사용했을 경우에는 DNA와 RNA가 크기에 따라 분리가 된다. 단백질의 경우는 마찬가지로 크기에 따라 분리가 되지만 겔로 SDS-PAGE를 사용한다는 차이점이 있다. 또 다른 단백질 분리에는 단백질의 크기와 전하를 모두 이용해 분리하는 2차원 전기영동(2D-gel electrophoresis)이 있다.

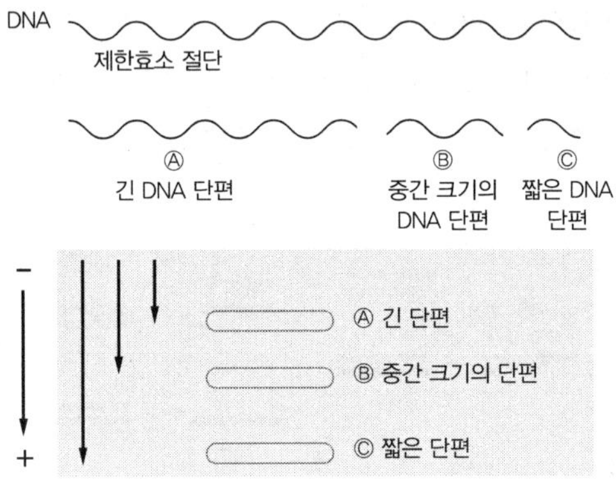

[전기영동법을 이용한 DNA 분리]

서던 블롯팅(southern blotting)

개발자 에드윈 서던(Edwin Southern)의 이름을 따서 명명된 서던 블롯팅(southern blotting)은 DNA 샘플 속에 특정 서열이 존재하는지를 판별할 때 사용된다. 제한효소 처리한 DNA 샘플은 겔 전기 영동을 통해 분리된 후 모세관 현상을 통해 얇은 막으로 옮겨진다. DNA가 옮겨진 막에 특정 서열에 상보적인 탐침(probe)을 뿌린다. 만약 특정 서열이 샘플 내에 존재한다면 탐침과 상보적으로 결합하게 된다. 표지는 원래 방사성 동위원소를 이용했으나, 현재는 화학발광제 등의 다양한 대체재들이 사용된다. DNA 샘플에서 바로 특정, 서열을 분석하는 PCR 등의 기법들이 존재하기 때문에 서던 블롯팅 자체는 실험실에서 그리 많이 쓰이지 않는다. 하지만 여전히 형질전환 쥐의 형질전환유전자(transgene) 복제 수를 측정하거나 배아줄기세포의 유전자 결여(knockout) 연구 등에 쓰이고 있다.

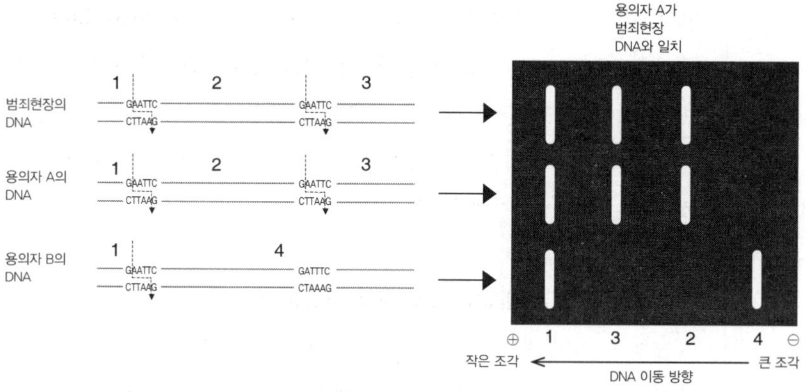

[RFLP를 통한 범인 추적]

노던 블롯팅(northern blotting)

서로 다른 RNA 샘플들 사이에서 특정 RNA의 발현 양상을 비교하는데 쓰이는 기법이 노던 블롯이다. RNA는 크기에 따라 전기영동을 통해서 분리된 후 얇은 막으로 옮겨진다. 그 후 서던 블롯(southern blot)과 마찬가지로 원하는 서열에 상보적인 탐침을 만들어 특정 서열의 존재와 양을 판별한다. 결과물로써 나타나는 밴드의 존재는 특정 서열이 존재함을 말해주고, 밴드의 두께를 통해 RNA의 양을 추정할 수 있다. 살아있는 조직에서 언제 그리고 어떤 조건에서 특정 유전자가 발현되는지를 분석하는 데 노던 블롯은 매우 유용하게 쓰인다.

웨스턴 블롯팅(western blotting)

웨스턴 블롯(western blot)이란 특정 단백질의 유무 또는 양을 알기 위해 수행하는 분석방법이다. 주로 단백질의 발현 여부를 알기 위해 사용한다. 서던 블롯(southern blot)과 노던 블롯(northern blot)이 DNA-DNA, DNA-RNA간의 상보적 특이성을 이용하는 데 반해 웨스턴 블롯은 단백질-단백질간의 특이성을 이용한다. 주로 항원-항체(antigen-antibody)반응을 이용한다

– DNA 미세배열(DNA microarrays)

DNA 미세배열은 슬라이드 글라스 따위의 판에 단일 가닥의 DNA 조각을 하나 하나 배열해 놓는 것이다. 그 모습이 마치 도서관에 책이 놓여있는 것과 유사해 DNA 도서관이라고 불린다. 미세배열 기법의 사용으로 한 개의 작은 슬라이드 글라스 위에 엄청나게 많은 수의 작은 절편(직경이 100 마이크로미터 정도)을 올려놓을 수 있게 되었다. 미세배열에 사용된 각 절편들은 특정 DNA 서열의 상보적으로 만들어진 것인데 이것은 서던 블롯의 원리와 유사하다. 미세배열을 통해 특정 서열의 존재를 확인할 수 있는데, 그러기 위해서는 상보서열의 대상 DNA가 있을 것으로 추정되는 조직의 RNA를 가공해야 한다. 우선 조직에서 RNA를 획득한 다음 그 서열을 바탕으로 cDNA(complementary DNA)를 만들어야 한다. 그 후 만들어진 cDNA를 미세배열 상에 뿌려주면, 상보서열과 결합하여 표시가 나타난다. 동일한 미세배열을 여러 개 만들 수 있는데, 이것을 응용해 여러 개체간 유전자 발현 모습을 비교할 수 있다. 특히 암 조직과 정상 조직간의 비교가 암 연구에 큰 도움이 되고 있다.

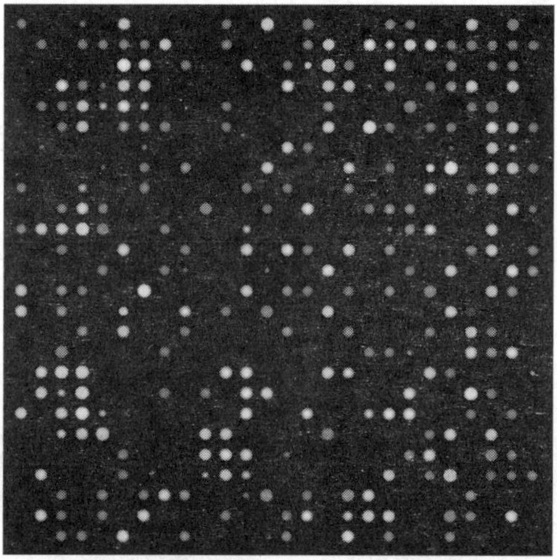

[DNA 칩에 심어진 DNA와 cDNA가 결합하면 형광을 나타낸다.]

– 대립형질 특이 올리고뉴클레오타이드(allele specific oligonucleotide)

대립형질 특이 올리고뉴클레오타이드(ASO)는 PCR이나 전기영동의 도움 없이 단일 염기 서열 돌연변이를 찾아낼 수 있는 기법이다. 20~25개 정도의 뉴클레오타이드로 이루어진 짧은 길이의 특수 표지된 탐침을 절단 되지 않은 DNA에 뿌려주면 혼성화가 된다. 탐침이 매우 짧기 때문에 단일 염기 서열의 차이만으로도 혼성화는 잘 이루어지지 못한다. 이렇게 혼성화가 되지 못한 DNA는 씻겨지고 남겨진 탐침은 제거된다. 만약 혼성화가 이루어진다면, 형광 물질이나 방사성 원소로 표지된 탐침에 의해 혼성화가 된 것을 알 수 있다.

■ 미생물학

미생물에 관해 연구하는 생물학의 한 분야이다. 사람 등에게 질병을 일으키는 미생물을 연구하는 분야(병원미생물학)에서 시작했으며, 세균, 고세균, 진균류, 원생생물 및 바이러스 등에 관해 연구하고 있다. 이 분야에서는 기생충에 관해서도 연구하고 있다.

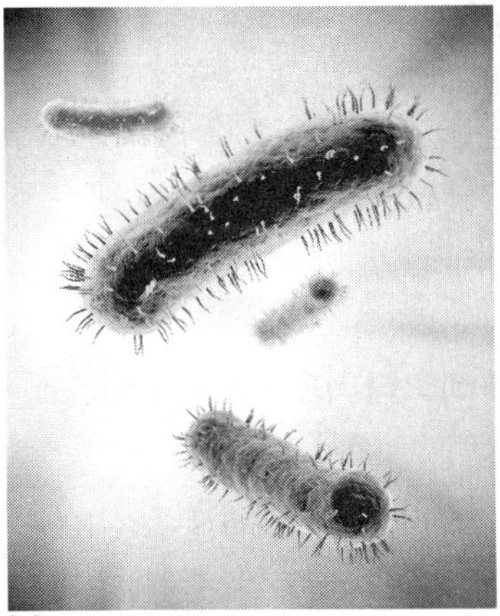

[박테리아(원핵생물계)]

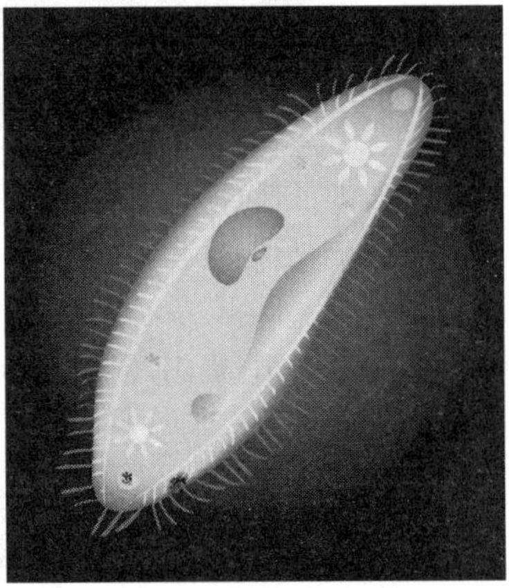

[짚신벌레(원생생물계)]

■ 신경생물학

뇌를 포함한 모든 신경계에 대해서 연구하는 학문이다. 신경과학은 우리가 외부 환경을 어떻게 인지하며 경험하는지, 그리고 다른 사람과 어떻게 상호관계를 맺는지 등을 밝혀내는 데 중점을 두고 있다. 신경과학은 유전학, 생화학, 생리학, 약리학, 병리학, 진화생물학 등의 학문과 밀접한 연관을 맺고 있으며 생물학의 한 분야로 여겨진다. 그러나 신경과학은 학문의 특성상 생물학의 한 분야라고만 단정 짓기는 어려우며, 실제로 심리학, 컴퓨터공학, 통계학, 물리학, 의학, 언어학, 철학, 수학 등의 다른 분야의 학문의 도움을 많이 받고 있다.

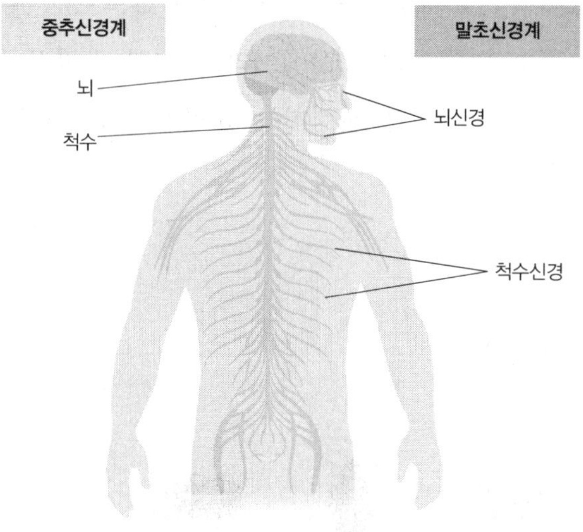

[척추동물의 신경계]

신경과학은 분자, 세포, 발생, 구조, 기능, 진화, 컴퓨터 연관, 의학적 측면을 다룬다. 신경과학자들이 사용하는 기술은 빠르게 발전하여 개별 신경세포의 분자 및 세포 수준에서 뇌의 감각과 운동 능력에 대한 뇌 영상까지 연구할 수 있다. 최근에는 이론적인 진척에 힘입어 신경망에 대한 연구가 진행되고 있다.

■ 진화생물학

지구 상의 생물의 진화를 연구하는 학문으로써, 현대 생물학의 가장 기본이 되는 분야(학문)중의 하나이다. 진화란 생물의 다양성을 형성해가는 과정을 뜻하며, 그 과정을 연구하는 것이 진화생물학의 핵심이다. 진화학이란 생명의 역사에 관한 학문으로, 그 시작은 찰스 다윈의 진화론으로 볼 수 있다. 현재는 진화가 관찰되는 사실이라는 것이 밝혀진 상태이며, 진화의 속도와 방향을 결정하는 요인에 대한 연구가 활발히 이루어지고 있다.

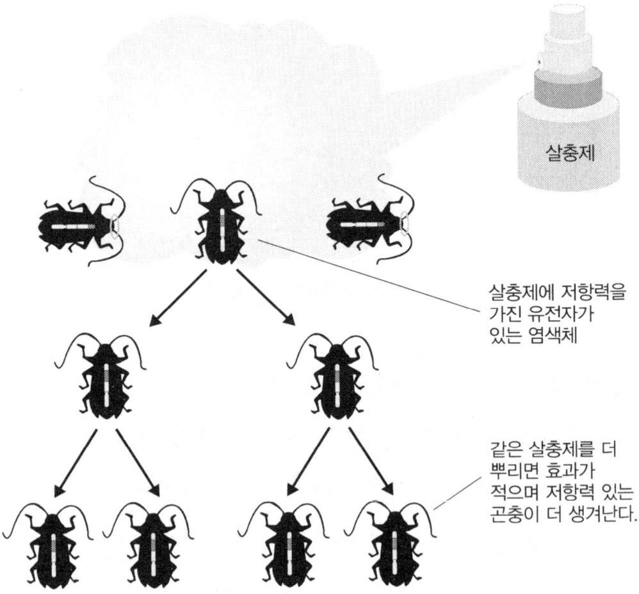

[살충제에 저항력을 가진 곤충의 진화]

진화는 생물의 역사만을 다루므로 화학물질에서 기초로 한 생명의 기원을 연구하는 화학진화와는 다른 분야이다. 진화생물학은 화학진화를 포함하지 않는 것이 일반적이며, 이는 종종 오해를 낳지만, 화학진화는 생화학의 분야로써 진화생물학과는 매우 다른 방식으로 연구가 진행된다.

■ 생물분류학

지구상에 살고 있는 온갖 생물의 계통과 종속을 특정 기준에 따라 차례 나누어 정리하는 생물학의 한 분야이다. 분류학이 추구하는 목적은 크게 다음과 같이 요약해 볼 수 있다.

- 지구상에 현존하는 모든 생물체를 대상으로 한다.
- 이 모든 생물체에 대한 정보 수집을 통하여 그들의 계보 역사의 재구성.
- 생물체에 관한 진화과정 및 관련학문의 도움을 빌어 그의 원인추적.
- 관련 학문, 예컨대 생물지질학, 생화학에 필요한 정보 제공.
- 생물학 관련 세부 분야, 예컨대 생물환경학, 유전학의 조직 혹은 분류체계 설정.

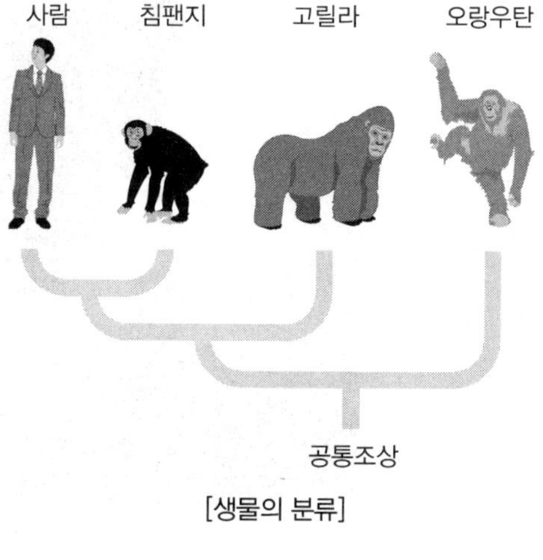

[생물의 분류]

■ 생태학

생물과 환경의 상호작용을 연구하는 생물학의 한 분야이다. 환경은 생물의 주변을 구성하는 생물적, 비생물적 요소를 모두 포함한다. 영어로 ecology라고 하는데 생태학의 어원은 고대 그리스어로 "사는 곳", "집안 살림"을 뜻하는 oikos와 "학문"을 의미하는 logos의 합성어이다. "집안 살림 관리"를 뜻하는 경제학과 어원이 같다.

[생태학의 수준]

■ 세포생물학

생물체의 기본 바탕을 이루는 세포의 구조를 연구하는 생물학의 주요분야이다. 세포의 관찰과 연구는 분자생물학적 차원에서 이루어진다. 세포학은 세포의 구조에서 비롯하여 세포 상호간에 이루어지는 여러 가지 현상을 관찰하고 분석함으로써 생물의 생성과 발전에 보다 상세한 지식을 얻음으로써 생물학 관련 분야, 생화학, 유전학, 진화생물학 등에 유익한 자료를 제공한다. 다음은 세포생물학의 주요 연구대상이다.

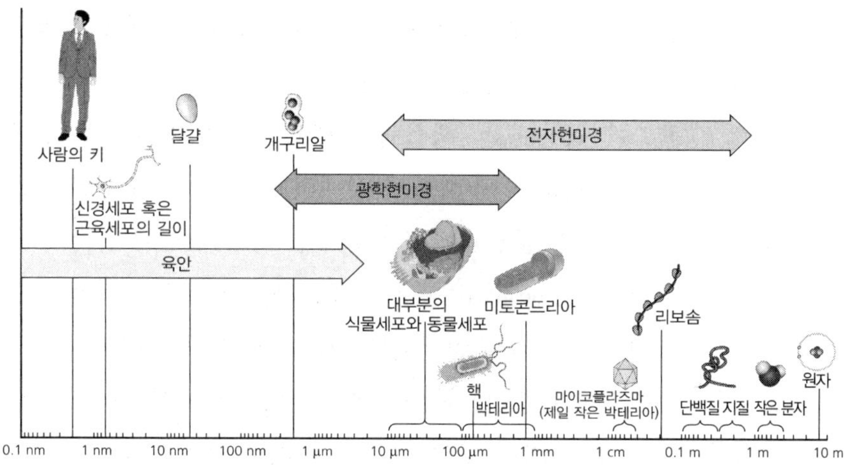

[세포와 세포소기관의 크기]

- 소포체(endoplasmic reticulum): 소포체는 리보솜과 결합되어 있는 조면소포체와 결합되지 않은 활면소포체로 나뉜다. 조면소포체에서는 세포밖으로 나갈 단백질 합성에

관여하며 활면소포체에서는 탄수화물과 지질의 합성에 관여한다.

- 골지체(golgi apparatus): 골지장치는 세포의 중추전달체계로서 화학반응을 거쳐 형성된 단백질 등을 저장, 수송, 분비하는 역할을 한다.
- 리보솜(ribosome): 리보솜은 세포에 두루 퍼져 있는 작은 알맹이들로서 소포체에서 단백질을 합성하는 데 도움을 준다. 세포핵에서 DNA로부터 전사된 전령 RNA(mRNA)와 결합하여 정확한 순서의 아미노산을 합성한다.
- 세포핵(nucleus): 세포핵은 유전자 세포 원형질의 중심이며 유전정보체인 DNA와 히스톤(histone) 단백질의 복합체인 염색분체를 담고 있다.
- 핵소체(nucleolus): 핵소체는 세포핵 가운데에 있는 알맹이로서 RNA와 단백질 합성에 관여한다. 세포분열시 소실되었다가 분열과정이 종료되면 다시 형성된다.
- 중심소체(centrioles): 중심소체는 한 쌍이 세포에 들어 있으며 세포분열시 염색체를 세포막에 가까이 이동시켜 두 개의 세포를 형성하는 데 관여한다. 세포 분열이 일어나지 않는 시기에 주로 알갱이 형태로 존재하며 세포분열이 개시되기 전(간기의 S기-간기의 염색사 복제기)에 성상체로 변화 후 분열직전 방추사로 변화한다. 기본 단층구조는 9+0의 구조를 이루고 있으며 섬모나 편모의 기저부로 사용된다.

- 미세소관(microtubles): 미세소관은 작은 단백질 성분의 중합체로 이루어진 미세관 구조들로 세포골격을 이루며, 세포분열 과정에서 세포내 구조물들의 이동 등에 중요한 역할을 한다.
- 세포질(cytoplasm): 세포질은 세포의 껍질로서 다른 세포와 벽을 만들어 주며, 세포로 유기물질을 받아들이고 그리고 세포 안에서 합성된 물질을 내 보내는 역할을 한다.
- 미토콘드리아(mitochondria): 미토콘드리아는 세포내 화학에너지의 합성을 담당하는 소기관으로 내부공생설에 의해 형성되었을 것으로 알려져 있으며, 세포내 호흡을 주도한다. 유기 고분자 화합물을 분해하여 이산화탄소와 물로 전환시키고 이때 유리되는 에너지를 아데노신 삼인산으로 저장하여 생명체가 사용할 수 있게 한다.
- 리소솜(lysosome): 리소솜은 골지체로부터 유래된 세포내 소낭(작은주머니)으로 가수분해 효소를 함유하고 있어 많은 유기화합물을 포함하는 식포와 결합하여 물질분해를 담당하고 외부로부터 유입되는 이물질도 용해할 수 있는 세포소기관이다. 또한 갑상선 호르몬과 같은 물질을 합성하고 분비하는 데 관여한다.

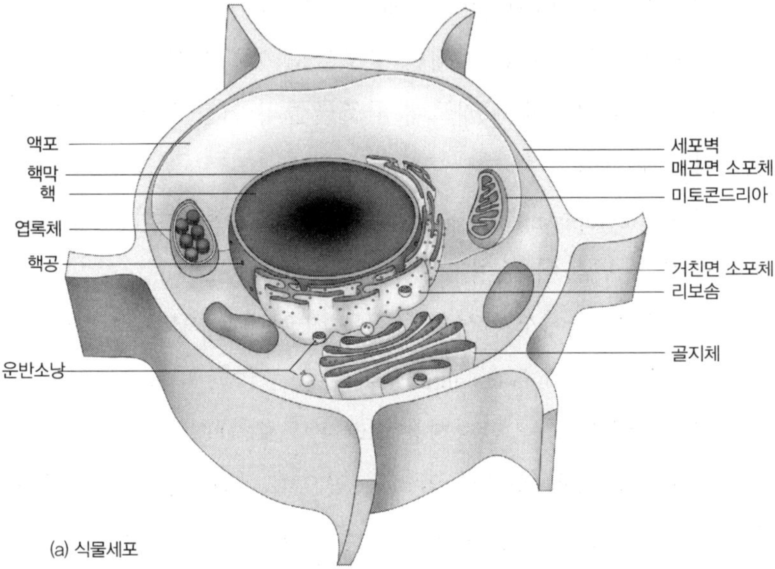

(a) 식물세포

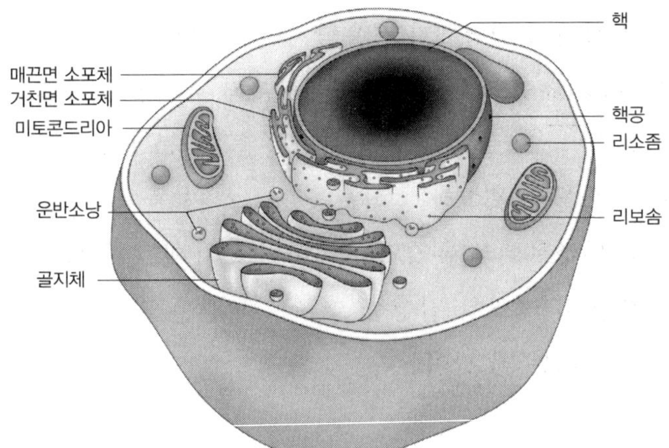

(b) 동물세포

[동물세포와 식물세포]

■ 생물정보학

흔히 바이오인포매틱스(bioinformatics)는 생물학적인 문제를 응용수학, 정보과학, 통계학, 컴퓨터 과학, 인공지능, 화학, 생화학등을 이용하여 주로 분자 수준에서 다루는 학문이다. 생물정보학의 연구분야는 시스템 생물학(system biology)과 중복되기도 한다. 주 연구분야는 서열정렬, 유전자 검색, 유전자 조합, 단백질 구조 정렬, 단백질 구조 예측, 유전자발현의 예측, 단백질간 상호작용, 진화모델 등 다양하다.

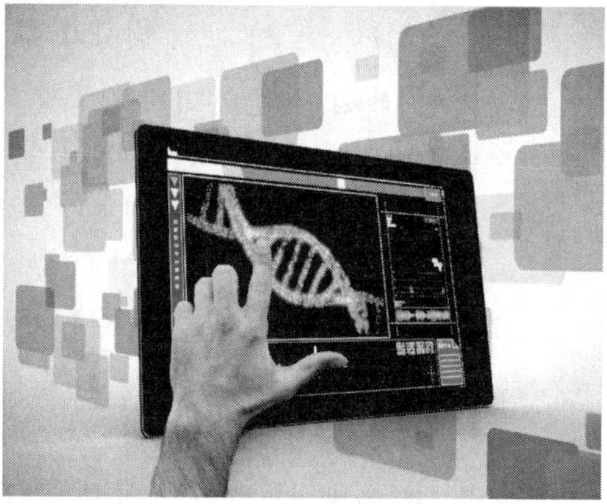

➡ 생물정보학의 태동

1950년대 영국 케임브리지의 앨런 튜링(Alan Mathison Turing) 박사가 자연발생적인 생물학적 패턴에 관한 논문이 생물정보학의 최초의 논문으로 여겨진다. 그 뒤, 영국 케임브리지의 MRC 센터의 막스 퍼루츠와 존 켄드류박사가 헤모글로빈의 3차원 단백질 구조를 학계에 보고하면서, 그 때까지 손으로 계산기를 이용하던 것에서, 컴퓨터를 가지고 모델을 만들기 시작한 것이 구조생물정보학(structural bioinformatics)의 시작이다. 그 뒤 같은 MRC 센터의 퍼루츠의 연구원이된 프란시스 크릭(Francis Crick)이 시드니 브래너(Sydney Brenner)와 함께 코돈(codon)이란 용어를 만들면서, 생물학의 핵심이 DNA 나선구조와 정보의 복사(copy)라는 개념을 더 확고히 하게 되었다. 그 때, 같은 MRC 센터의 생어 박사가 최초의 인슐린 단백질 서열을 해독해 내면서, MRC 센터 내에 서열연구의 중요성과 기반이 만들어졌다. 그 뒤 생어 박사가 두 번째 노벨상을 수상하게 되는 DNA 서열을 쉽게 판독할 수 있는 두 가지의 방법을 고안하면서, 많은 양의 DNA 정보가 쏟아지게 되었다. 이때, MRC 센터는 이미, 최초의 3차원 단백질을 컴퓨터로 그리기 시작했으며, 최초의 DNA 유전체의 구조비교, 최초의 DNA서열 정렬법, 최초의 DNA 정렬 패키지 등을 만들게 되었다. 몇몇의 물리학자 및 수학자 출신들이 직접 컴퓨터 프로그래밍을 통해 무료로 알고리즘을 배포하기 시작하면서, 생물정보학의 완성된 모습과 유용성들이 미국의 학계에 영향을 끼치기 시작한다. 특히, 1960년~1970년대에는 미국에서 수많은 박사후 연구원과 선임연구자들이 케임브리지의 MRC 센터에서 생물리학, 생화학, 생물정보학을 전수하여 갔다. 1970년대, 최초의 단백질 아틀라스 발간, 유전자 정보은행이 니들만 윈쉬 등의 미국 연구자들의 기여로 폭발적으로 증가하게 되었고, 인터넷이 급격히 보급되는 1995년 이후에, 생물정보학은 지금의 연구자들이 이해하는 형태로 발전하게 되었다. 그 전까지는 생물정보학에 대한 정의나, 역사에 대한 지식이 일부 200명 남짓의 소수 전문가들에게만 알려졌었다. 인터넷을 통한 자유로운 정보

교환은, 생물정보학의 가장 중요한 정보와 연구자을 연결하는 통로가 되었으며, 그 뿌리는 모든 정보를 무료로 배포한 케임브리지의 MRC 센터의 연구문화에서 기인한다. 그에 반해, 미국은 실리콘밸리와 하버드 및 예일대 등 동부지역을 주축으로 한 조금 더 경쟁적이고 폐쇄적인 정보교환이 진행되었다. 미국 NCBI가 본격적으로 운용되면서, 막대한 양의 생물학 정보들이 전 세계적으로 보급되는 계기가 90년대에 만들어지게 되었다. 지금은 1970년대 영국 케임브리지 생어의 DNA 서열 분석방법의 발달에 따라 현재 수많은 생물 종의 전체 유전체 서열이 밝혀지고 있으며, 이런 정보가 생물정보학의 핵심 컨텐츠가 되고 있다.

[크릭]

[왓슨]

유전체학과 생물정보학은 매우 밀접한 관계에 있다. 결론적으로 생물체로부터 얻어진 대량의 데이터로부터 유용한 지식을 얻어내기 위한 이론물리, 전산, 통계, 수학적인 도구를 이용하여 생명현상을 연구하는 분야를 생물정보학(bioinformatics) 혹은 생명정보학, 생물정보공학으로 쓰이고 있으며, 전산생물학(computational biology)이라는 용어 또한 흔히 같은 뜻으로 쓰이고 있다. 하지만 전산생물학은 생물학에서 컴퓨터를 쓴다는 생물학에 포함된 정의로 이해할 수 있다. 최근 생명현상을 보는 시각이 확대되면서, 기존의 Bio+Logie의 뜻과 같으나, 단순한 부속의 합이 아니란 취지의, 시스템 전체에 대한 분석 및 수리적인 모델링(mathematical modeling)을 강조하는 용어인 시스템 생물학(systems biology)도 생물정보학과 상당부분 겹치는 용어이다.

■ 유전학(분자유전학)

유전학(genetics)은 생물의 유전과 유전자 다양성 등을 연구하는 생물학의 한 분야이다. 선사시대부터 인간은 생물의 특징이 부모로부터 자식에게 유전되는 것을 이용해 품종 개량을 해왔다. 그러나 최초로 과학적인 방법으로 유전을 연구한 것은 그레고어 멘델(Gregor Mendel)이 유전법칙을 발견한 19세기 중반부터이다. 그는 오늘날 유전자(gene)라 부르는 물질을 대립유전자(allele)라 불렀다. 현대 유전학의 핵심 개념은 유전자이다.

유전자는 전체 DNA 서열 가운데 DNA의 일정 구간을 이루는 염기서열의 배열을 말한다. DNA는 뉴클레오타이드들이 이중나선의 형태로 결합되어 있는 것으로 DNA의 복제를 통하여 유전형질을 다음 세대로 전달한다. 또한 세포에서 DNA의 역할은 단백질을 형성하여 생물이 생장하고 활동할 수 있도록 하는 것이다. DNA에서 전사된 전령 RNA(mRNA)의 코돈은 각각 하나의 아미노산과 대응하며, 이렇게 전사된 RNA에 의해 결합된 아미노산에 의해 단백질이 형성된다. 단백질은 효소, 근육, 세포질 등 생물을 이루고 있는 가장 중요한 요소이다.

요약하면 현대의 유전학은 생물의 발생과 생장, 그리고 진화에서 차지하는 유전자의 역할을 규명하고 DNA의 재조합 실험을 통해 유전체와 생물정보를 탐구하는 폭넓은 영역의 과학이다. 매우 넓은 연구분야를 이루고 있기 때문에 현대의 유전학은 집단유전학, 유전체학, 진화유전학 등의 하위 학문으로 세분화되어 있다. 또한 유전학은 여러 학문에 파급되어 의학, 농업 등에서 유전학은 필수적인 기반지식이 되었다. 유전학을 바탕으로 하는 유전공학과 생명공학은 유전자 조작을 통한 약품의 개발과 품종개량 등의 다양한 분야에서 적용되고 있다.

No. 4356 April 25, 1953 NATURE 737

equipment, and to Dr. G. E. R. Deacon and the captain and officers of R.R.S. *Discovery II* for their part in making the observations.

[1] Young, F. B., Gerrard, H., and Jevons, W., *Phil. Mag.*, **40**, 149 (1920).
[2] Longuet-Higgins, M. S., *Mon. Not. Roy. Astro. Soc., Geophys. Supp.*, **5**, 285 (1949).
[3] Von Arx, W. S., Woods Hole Papers in Phys. Oceanog. Meteor., **11** (3) (1950).
[4] Ekman, V. W., *Arkiv. Mat. Astron. Fysik. (Stockholm)*, **2** (11) (1905).

MOLECULAR STRUCTURE OF NUCLEIC ACIDS

A Structure for Deoxyribose Nucleic Acid

WE wish to suggest a structure for the salt of deoxyribose nucleic acid (D.N.A.). This structure has novel features which are of considerable biological interest.

A structure for nucleic acid has already been proposed by Pauling and Corey[1]. They kindly made their manuscript available to us in advance of publication. Their model consists of three intertwined chains, with the phosphates near the fibre axis, and the bases on the outside. In our opinion, this structure is unsatisfactory for two reasons: (1) We believe that the material which gives the X-ray diagrams is the salt, not the free acid. Without the acidic hydrogen atoms it is not clear what forces would hold the structure together, especially as the negatively charged phosphates near the axis will repel each other. (2) Some of the van der Waals distances appear to be too small.

Another three-chain structure has also been suggested by Fraser (in the press). In his model the phosphates are on the outside and the bases on the inside, linked together by hydrogen bonds. This structure as described is rather ill-defined, and for this reason we shall not comment on it.

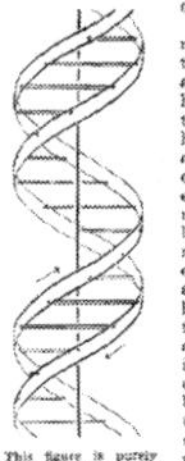

This figure is purely diagrammatic. The two ribbons symbolize the two phosphate—sugar chains, and the horizontal rods the pairs of bases holding the chains together. The vertical line marks the fibre axis

We wish to put forward a radically different structure for the salt of deoxyribose nucleic acid. This structure has two helical chains each coiled round the same axis (see diagram). We have made the usual chemical assumptions, namely, that each chain consists of phosphate diester groups joining β-D-deoxyribofuranose residues with 3′,5′ linkages. The two chains (but not their bases) are related by a dyad perpendicular to the fibre axis. Both chains follow right-handed helices, but owing to the dyad the sequences of the atoms in the two chains run in opposite directions. Each chain loosely resembles Furberg's[2] model No. 1; that is, the bases are on the inside of the helix and the phosphates on the outside. The configuration of the sugar and the atoms near it is close to Furberg's 'standard configuration', the sugar being roughly perpendicular to the attached base. There is a residue on each chain every 3·4 A. in the *z*-direction. We have assumed an angle of 36° between adjacent residues in the same chain, so that the structure repeats after 10 residues on each chain, that is, after 34 A. The distance of a phosphorus atom from the fibre axis is 10 A. As the phosphates are on the outside, cations have easy access to them.

The structure is an open one, and its water content is rather high. At lower water contents we would expect the bases to tilt so that the structure could become more compact.

The novel feature of the structure is the manner in which the two chains are held together by the purine and pyrimidine bases. The planes of the bases are perpendicular to the fibre axis. They are joined together in pairs, a single base from one chain being hydrogen-bonded to a single base from the other chain, so that the two lie side by side with identical *z*-co-ordinates. One of the pair must be a purine and the other a pyrimidine for bonding to occur. The hydrogen bonds are made as follows: purine position 1 to pyrimidine position 1; purine position 6 to pyrimidine position 6.

If it is assumed that the bases only occur in the structure in the most plausible tautomeric forms (that is, with the keto rather than the enol configurations) it is found that only specific pairs of bases can bond together. These pairs are: adenine (purine) with thymine (pyrimidine), and guanine (purine) with cytosine (pyrimidine).

In other words, if an adenine forms one member of a pair, on either chain, then on these assumptions the other member must be thymine; similarly for guanine and cytosine. The sequence of bases on a single chain does not appear to be restricted in any way. However, if only specific pairs of bases can be formed, it follows that if the sequence of bases on one chain is given, then the sequence on the other chain is automatically determined.

It has been found experimentally[3,4] that the ratio of the amounts of adenine to thymine, and the ratio of guanine to cytosine, are always very close to unity for deoxyribose nucleic acid.

It is probably impossible to build this structure with a ribose sugar in place of the deoxyribose, as the extra oxygen atom would make too close a van der Waals contact.

The previously published X-ray data[5,6] on deoxyribose nucleic acid are insufficient for a rigorous test of our structure. So far as we can tell, it is roughly compatible with the experimental data, but it must be regarded as unproved until it has been checked against more exact results. Some of these are given in the following communications. We were not aware of the details of the results presented there when we devised our structure, which rests mainly though not entirely on published experimental data and stereochemical arguments.

It has not escaped our notice that the specific pairing we have postulated immediately suggests a possible copying mechanism for the genetic material.

Full details of the structure, including the conditions assumed in building it, together with a set of co-ordinates for the atoms, will be published elsewhere.

We are much indebted to Dr. Jerry Donohue for constant advice and criticism, especially on inter-atomic distances. We have also been stimulated by a knowledge of the general nature of the unpublished experimental results and ideas of Dr. M. H. F. Wilkins, Dr. R. E. Franklin and their co-workers at

[1953년 왓슨과 크릭에 의해 네이처지에 발표된 DNA 구조에 대한 기념비적 논문]

738 NATU

King's College, London. One of us (J. D. W.) has been aided by a fellowship from the National Foundation for Infantile Paralysis.

J. D. WATSON
F. H. C. CRICK

Medical Research Council Unit for the Study of the Molecular Structure of Biological Systems, Cavendish Laboratory, Cambridge.
April 2.

[1] Pauling, L., and Corey, R. B., *Nature*, **171**, 346 (1953); *Proc. U.S. Nat. Acad. Sci.*, **39**, 84 (1953).
[2] Furberg, S., *Acta Chem. Scand.*, **6**, 634 (1952).
[3] Chargaff, E., for references see Zamenhof, S., Brawerman, G., and Chargaff, E., *Biochim. et Biophys. Acta*, **9**, 402 (1952).
[4] Wyatt, G. R., *J. Gen. Physiol.*, **36**, 201 (1952).
[5] Astbury, W. T., Symp. Soc. Exp. Biol. 1, Nucleic Acid, 66 (Camb. Univ. Press, 1947).
[6] Wilkins, M. H. F., and Randall, J. T., *Biochim. et Biophys. Acta*, **10**, 192 (1953).

Molecular Structure of Deoxypentose Nucleic Acids

WHILE the biological properties of deoxypentose nucleic acid suggest a molecular structure containing great complexity, X-ray diffraction studies described here (cf. Astbury[1]) show the basic molecular configuration has great simplicity. The purpose of this communication is to describe, in a preliminary way, some of the experimental evidence for the polynucleotide chain configuration being helical, and existing in this form when in the natural state. A fuller account of the work will be published shortly.

The structure of deoxypentose nucleic acid is the same in all species (although the nitrogen base ratios alter considerably) in nucleoprotein, extracted or in cells, and in purified nucleate. The same linear group of polynucleotide chains may pack together parallel in different ways to give crystalline[1-3], semi-crystalline or paracrystalline material. In all cases the X-ray diffraction photograph consists of two regions, one determined largely by the regular spacing of nucleotides along the chain, and the other by the longer spacings of the chain configuration. The sequence of different nitrogen bases along the chain is not made visible.

Oriented paracrystalline deoxypentose nucleic acid ('structure *B*' in the following communication by Franklin and Gosling) gives a fibre diagram as shown in Fig. 1 (cf. ref. 4). Astbury suggested that the strong 3·4-A. reflexion corresponded to the inter-nucleotide repeat along the fibre axis. The ~ 34 A. layer lines, however, are not due to a repeat of a polynucleotide composition, but to the chain configuration repeat, which causes strong diffraction as the nucleotide chains have higher density than the interstitial water. The absence of reflexions on or near the meridian immediately suggests a helical structure with axis parallel to fibre length.

Diffraction by Helices

It may be shown[5] (also Stokes, unpublished) that the intensity distribution in the diffraction pattern of a series of points equally spaced along a helix is given by the squares of Bessel functions. A uniform continuous helix gives a series of layer lines of spacing corresponding to the helix pitch, the intensity distribution along the *n*th layer line being proportional to the square of J_n, the *n*th order Bessel function. A straight line may be drawn approximately through

■ 면역학

여러 생물체의 면역계에 대해 연구하는 생물(명)의학(biomedical)의 한 분야이다. 건강한 상태 및 질병에 걸린 상태에서의 면역계의 생리적 작용에 대해서 다루며, 특히 면역계의 오류로 인한 질환(자가면역 질환, 과민증, 면역 결핍증, 이식 거부) 및 면역계의 생리학적 특성에 대해서 관심 있게 다루고 있다.

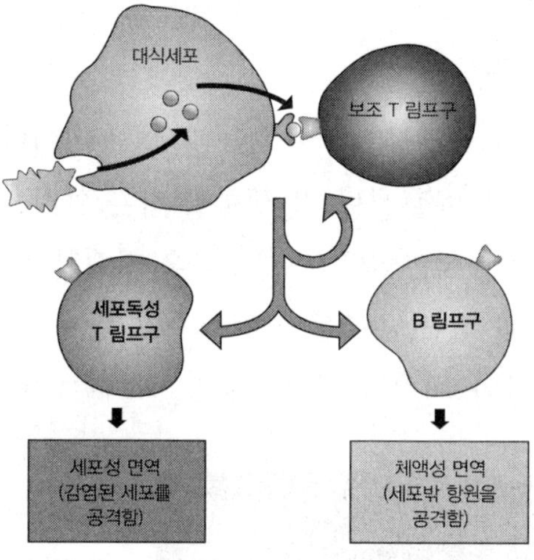

[보조 T 림프구는 세포성 면역과 체액성 면역을 활성화시킨다.]

➡ 면역학의 역사

면역 반응은 과거부터 '한번 병에 걸리면 다음에는 그 병에 잘 걸리지 않는다'라고 알려져 왔다. 이를 실제로 적용한 사람은 18세기 말의 에드워드 제너(Edword Jenner)로, 소에게 걸리는 우두(cowpox)를 이용하여 사람의 치명적인 병이었던 천연두(smallpox)의 예방 방법을 적용한 것을 면역학의 시초로 볼 수 있다. 이후 각종 질병의 원인균들이 발견되고, 프랑스의 루이 파스퇴르(Louis Pasteur)가 최초로 근대화된 예방접종법(vaccination)을 개발하면서 본격적으로 면역학은 의학과 함께 발전하기 시작했다. 현재 인간의 각종 질병들, 특히 후천성 면역결핍증(AIDS), 암과 같은 난치성 질환에 대한 면역치료는 큰 과제로 남아있다.

■ 해양생물학

해양에 사는 생물을 연구하는 과학 분야이다. 해양생물학은 해양생물의 분류보다 각 생물이 사는 환경을 중심으로 생물을 이해하는 분야이다. 해양생물은 거대한 자원이며, 식품, 약품, 광물과 같은 귀중한 자원을 제공하며, 레크리에이션과 관광의 대상이 되기도 한다. 해양생태계는 지구의 자연환경을 연구하는 데에 많은 도움을 준다. 해양생물들은 산소 순환 주기에 중요한 역할을 하며, 지구의 기후에도 비중 있게 관여한다.

[갈라파고스 거북이]

■ 고생물학

진화생물학과 매우 밀접한 관계를 갖고 있는 생물학의 특수 분과로서, 지구상에서 발견되는 화석을 바탕으로 생물체의 발생과 진화과정 그리고 까마득히 먼 옛날의 생물체의 환경 등을 연구하는 학문이다.

고생물학은 지구상에 예전에 살았던 동식물들이 진화해 온 역사를 화석기록, 생흔화석 따위를 통해서 연구하는 학문이다. 화석에는 신체의 딱딱한 부분이 암석화된 화석과 기어다닌 흔적, 땅을 판 구멍, 신체의 일부가 암석에 찍혀 남은 흔적, 화석화된 피부, 화학적인 잔여물질 등이 포함된다.

현대의 고생물학과 지질학은 중세 후기부터 유럽의 귀족이나 성직자 사회에서 취미 형태로 땅에서 나온 화석등을 모으고 자신의 수집품을 비교대조 하면서 그 기원을 추론하는 데에서 시작되었다. 이런 현상이 유독 유럽 문명권에서만 일어났던 까닭은 유럽의 지질이 주로 중생대의 퇴적암 지층이고 서유럽의 대부분이 습곡을 받지 않은 지층이라 그 구조를 이해하기 쉬웠다라는 것에 있다고 생각된다. 그러나 그 이전에 송나라의 심괄은 이미 화석의 기원과 더불어 지질학적 과정에 대한 설명을 제시한 적이 있다.

고생물학은 필연적으로 지금까지 지구상에 존재했던 적이 있는 모든 생물에 대한 연구이나, 이미 멸종된 생물에 대한 연구일 경우 어쩔 수 없이 화석 기록을 통해 연구할 수밖에 없다. 따라서 화석으로 남지 않은 생물에 관한 사항은 미지수로 남을 수밖에 없다. 화석으로 남은 종들 중에서도 특별히 대중적 관심을 끄는 대상은 공룡과 고인류이다.

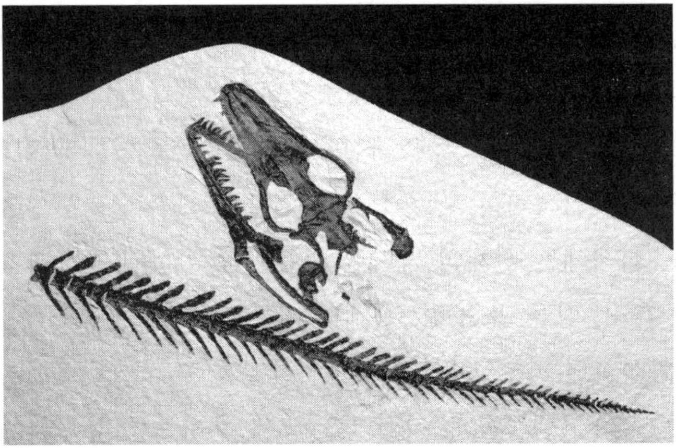

고생물학에서 밝혀낸 생물의 번영과 멸종은 지질학적인 시간을 구분하는 결정적인 기준이 된다. 대표적으로 공룡의 멸종을 경계로 하여 백악기와 제3기가 나뉘며, 삼엽충을 비롯한 많은 고생대형 생물의 대량멸종을 기준으로 하여 페름기와 트라이아스기가 구분된다. 국내에서 일반적으로 알려진 부정합을 통한 지질시대의 분류는 사실과 맞지 않다. 부정합 자체가 시간적 공백을 의미하기 때문에, 연속적 시간에서 구분점을 찍어야하는 지질시대 분류에는 이용될 수 없다. 어느 지질학적 시기의 끝과 시작은 연속된 퇴적물에서 특정한 생물의 화석이 나오기 시작하는 층으로 정해지는데, 이러한 지점을 황금못(golden spike)이라고 한다. 못을 박아서 그 위치를

남기고 싶어 하는 지질학자들의 염원이 표시된 것이라 볼 수 있다.

■ 생화학

생물체 내에서 이루어지는 화학반응, 생물체의 물질 조성 등을 화학적인 방법으로 연구하는 화학의 한 분야를 말한다. 생물화학이라고도 하지만 보통 줄여서 생화학이라고 한다. 생물체를 대상으로 하는 화학이라는 점에서 생물학의 한 분야라고도 할 수 있어, 생물학과 화학의 두 영역에 걸쳐 있는 학문이라고도 할 수 있으며, 화학에서 탄수화물이나 단백질과 같은 탄소화합물을 연구대상으로 하는 분야인 유기화학에서 분화되었다고 볼 수 있다.

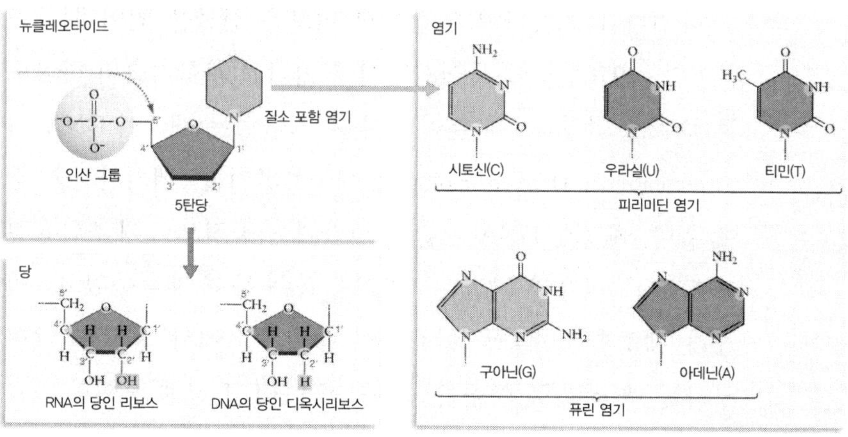

[뉴클레오타이드의 구조]

생화학은 단백질, 탄수화물, 지질, 핵산과 같은 세포 구성물질의 구조와 기능에 중점을 두고 있다. 고전적이고 좁은 의미에서의 생화학은 특히 효소가 매개하는 반응과 그 산물(product)에 대한 화학적 연구를 의미한다. 현대적 의미로는 생명현상을 매개하는 분자들에 대한 화학적 연구를 지칭한다. 고전적인 생화학 연구를 통해 사람들은 세포 내 물질대사과정에 대해서 상세한 정보를 얻고 해당작용이나 TCA(tricarboxylic acid cycle)회로와 같은 물질대사에 대한 폭넓은 이해를 얻게 되었다. 최근의 연구 경향은 DNA, RNA, 단백질의 합성, 세포막과 물질수송 신호전달체계 등 세포 내에서 분자들의 모든 활동을 포함한다.

■ 유전공학

유전자를 조작하여 인간에게 이로운 산물을 얻어내는 공학이다. 1970년대에 들어서면서 경이적인 과학기술의 하나로 큰 주목을 받았다. 이 분야의 주요 기술로는 재조합 DNA 기술(recombinant DNA technology), 세포융합기술, 핵치환기술 등이 있다. 재조합 DNA 기술에 의하여 인공적으로 재조합유전자를 만든 최초의 보고는 1972년 잭슨 등이 제출하였고, 인공적 재조합유전자를 이용하여 숙주세포에서 형질을 발현시키는 데 최초로 성공한 것은 1973년 F.J.코벤 등이다.

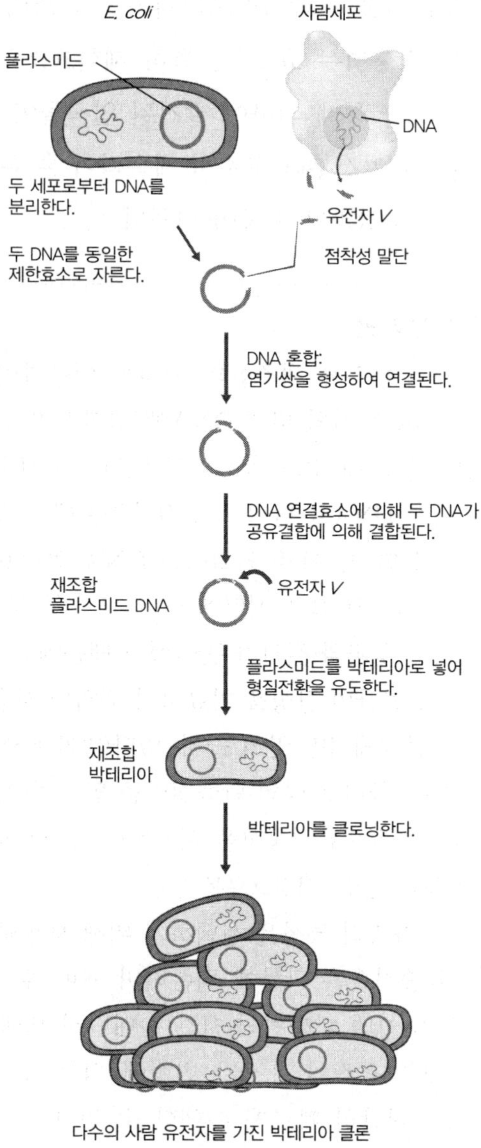

[플라스미드를 이용한 유전자 클로닝]

재조합 DNA 기술은 박테리오파지와 플라스미드에 관한 연구와 DNA에 작용하는 효소들, 특히 제한효소와 DNA 리가아제에 관한 연구 등에 의하여 발견된 업적들이 직접 기여하였으며, 또한 그 이전부터 꾸준히 계속되어 온 유전과 분자생물학에 대한 연구결과가 바탕이 되었다.

유전공학의 활용

- 유전공학은 유전자 재조합의 원리를 이용하여 임의로 생물의 DNA를 이와 다른 DNA에 결합시켜 얻고자 하는 물질을 얻는데 주로 활용되고 있다. 이 기술이 가능했던 이유는 DNA을 단편으로 절단하는데 필요한 각종 제한효소의 발견, 이를 연결하는 DNA 연결효소의 발견, 플라스미드와 같은 벡터에 대한 지식 등 분자생물학 연구의 많은 성과와 결과가 관여했기 때문에 가능했다.
- 일반적으로 인간의 질병을 치료하기 위하여 사용되는 단백질은 인간에게서만 얻어 쓸 수 있다(면역학 참조). 따라서 과거에는 극히 소량의 단백질만을 얻을 수 있었던 단백질들을 현재는 유전공학을 이용하여 대량으로 얻어낼 수 있다(예: 인슐린, 성장호르몬 등).
- 식물 또는 가축의 특성을 선택하기 위해 사용되어 온 고전적인 육종기술은 확률에 의존하며 교배 후 안정적인 형질군을 얻어낼 때까지의 시간이 대단히 오래 걸린다. 이에 비해 직접적인 유전자 변형에 의한 새로운 형질의 도입은 대단히 빠르게 수행할 수 있다. 유전공학을

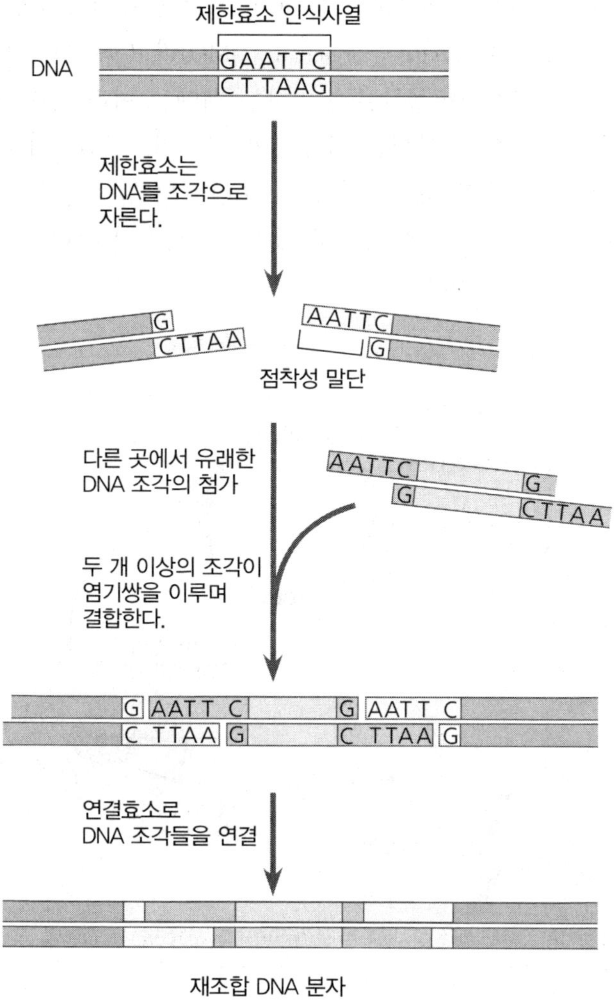

[동일한 제한효소를 이용한 서로 다른 두 가닥 DNA 조각의 재조합]

통해 만들어진 새로운 식물 또는 가축을 유전자변형생물(genetically modified organism, GMO)라고 부른다. 이러한 유전자변형생물을 도입하는 데에는 여러 가지 생태학적 문제가 발생할 가능성이 있으며, 선진국과 개발도상국 간의 경제적인 문제 또한 일으킬 수 있으므로, 이에 관해 많은 정치적, 윤리적, 사회적 그리고 도덕적 논란이 있다.

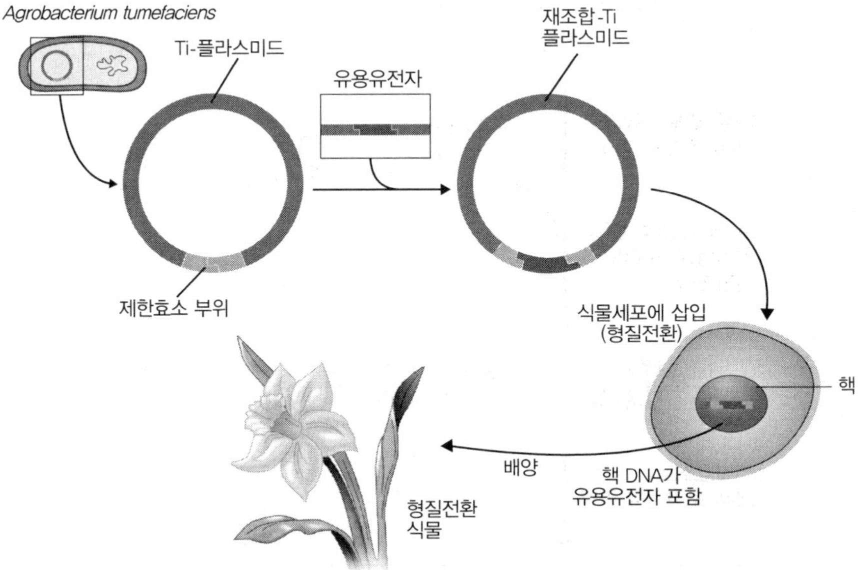

[형질전환식물의 제조를 위해 Ti–플라스미드를 사용하는 실험방법.]

■ 생명공학

생물의 유전정보, 생장, 번식을 통제하고 조작하는 기술을 연구하는 학문이다. 생물학, 의학, 농학, 정보학에 뿌리를 두며, 화학공학과 연관을 가진 분야도 있다.

생명공학의 연구영역은 크게 미생물, 식물, 동물, 인체 등으로 나눌 수 있다. 미생물의 연구영역으로는 미생물 유전체 해석 및 기능 연구, 미생물 대사물질 이용기술, 미생물을 농업과 환경문제 해결에 적용하는 기술, 발효와 같이 식품에 활용하는 기술 등을 들 수 있다.

식물의 연구영역으로는 식물 유전체 해석 및 기능 연구, 식물조직 배양기술, 식물 이차대사산물 생산기술, 유전자재조합식품(GMO) 등을 꼽을 수 있다. 동물의 연구영역으로는 동물복제기술(복제양 돌리), 바이오신약개발과 실험동물 생산을 위한 동물형질전환기술, 곤충자원 이용기술 등을 들 수 있다. 인체의 연구영역으로는 인간유전체사업, 암 등 난치병 예방과 치료기술, 의료기기 및 의료용 생체재료 기술, 의약품 안전성 평가기술 등을 꼽을 수 있다.

현재의 생명공학은 유전자재조합기술에 기초하여 유전자를 직접 조작하는 방식을 취하고 있으며, 정보통신기술이나 나노기술 등 새롭게 발전하고 있는 기술들과도 융합을 거듭하고 있다. 생물공학의 무진무궁한 발전 가능성을 고려하여 우리나라에서도 적극적인 투자와 지원에 나서고 있다. 실제로 2000년대 들어 정부는 적극 육성해야 할 6대 신기술(6T) 중 하나로 생명공학(BT)을 꼽고 있다. 여기서 나머지 5T란 정보기술(IT), 나노기술(NT), 환경기술(ET), 문화콘텐츠기술(CT), 우주항공기술(ST)을 말한다.

생명공학기술 중 일반인들에게 가장 친숙한 것은 아마도 종자개량이나 GMO일 것이다. 외국의 거대 농업지대에서는 GMO기술을 이용한 특수 작물과 농약을 농업에 활용하여 생산량을 늘리고 있다. 하지만 생명공학기술은 그 위험성도 상당하다. 유럽을 중심으로 한 외국에서는 외국 농업지대에선 생태계 교란문제가 끊임없이 제기되고 있으며, 특히 생명공학에서 연구하는 '줄기세포'는 의료윤리학 상의 논란이 되고 있다.

생명공학의 역사

오래전부터 인류는 음식, 의약품, 생필품, 기호품 등에서 자신에게 필요한 것을 얻기 위해 생물체의 다양한 특징을 파악하고 이용하려는 노력을 계속해왔다. 17~19세기에 현미경을 통한 세포의 발견 등 생물학 관련 지식이 쌓이면서 생물의 다양한 기능을 이용할 수 있는 가능성도 커졌다.

1919년에 최초로 생명공학이라는 용어가 출판물에 등장했고, 1928년에 플레밍(Alexander Fleming)이 최초의 항생물질인 페니실린을 발견했다. 1953년에 이루어진 DNA의 이중나선 구조 발견은 유전자의 작동원리에 대한 이해를 가능하게 하여 생명공학에 획기적인 전기를 마련해주었다.

그 후, 1960년대에 품종개량을 통한 녹색혁명에서 생명공학의 잠재력을 선보였다. 1973년에는 박테리아를 이용하여 새로운 DNA를 만들어내는 유전자재조합기술이 성공하면서 새로운 생명공학의 시대를 열어주었다.

04
생명과학과 살펴보기

4-1. 생명과학과 소개

생명과학과는 현대 생명과학의 발달에 맞추어 전공 분야를 크게 식물학, 동물학, 미생물학, 유전학 분야로 구분하여 교과 과정을 개설하고 있다. 식물학 분야에서는 식물의 계통적 유연관계를 밝히고, 식물의 생태와 생리에 대한 이해를 높이기 위해서 식물분류학, 식물형태학, 식물생리학, 조류학 등을 학습한다. 동물학 분야에서는 동물의 분류와 생태를 포함하여, 생물학전공에 필요한 세포학, 형태학, 어류학, 동물생리학, 생명의 탄생과 발생의 신비를 다루는 발생학 등을 배우며, 미생물학 분야는 미생물에 대한 기초 지식뿐만 아니라 환경과 식품, 그리고 산업에 대한 미생물의 이용을 폭넓게 이해할 수 있도록 교과 과정을 구성하고 있다. 유전학 분야는 현대 생물학의 눈부신 발전에 맞추어 생명현상의 분자적 이해를 토대로 의학과 농업, 환경 등 다양한 분야에 분자생물학을 응용한 유전공학, 생물공학의 이론과 기술을 소개하는 교과 과정이 개설되어 있다.

생명과학전공의 교육방법은 이론교육, 실험실습, 현장 학습 분야로 구분할 수 있다. 이론교육은 비디오, 컴퓨터와 같은 다양한 교육 매체를 이용해서 이해력을 높이고 있다. 한편, 실험실습은 생명과학전공에서 가장 중요시하는 학습 방법의 하나인데, 현대 생명과학을 연구하는데 필요한 기초적인 실험이론과 기술을 포함하여 다양한 실험을 통해서 문제를 파악하고 해결하는 능력 배양을 목적으로 한다. 현장학습은 생물 교육에서 중요한 역할을 하는 것으로 채집 여행, 동·식물원 방문, 특수 산업시설 견학과 기업 현장실습 등 다양한 프로그램이 마련되어 있다.

4-2. 교육 목표

- 자연과학의 지식을 기초로 응용력을 발휘할 수 있는 전문인 양성
- 과학기술 발전에 기여할 수 있는 전문인 교육
- 과학적 사고력과 탐구력을 갖춘 인재 양성

4-3. 생명과학과에서 배우는 전공과목

- 1학년

일반생물학 I, 일반생물학 II, 전공 및 진로탐색관련 교과목

- 2학년

동물분류학 및 실험, 식물분류학 및 실험, 분자생물학 및 실험, 생화학 및 실험, 분자생물학 및 실험, 일반미생물학 및 실험, 세포학 및 실험, 곤충학, 조직학 및 실험, 식물형태학

- 3학년

동물생리학, 생태학, 식물생리학, 응용미생물학 및 실험1, 조류학 및 실험, 유전학 및 실험, 발생생물학, 육수학, 응용미생물학 및 실험, 환경미생물학 및 실험

- 4학년

면역학, 신경생물학, 생명공학, 생물통계학, 바이러스학, 의학미생물학, 진화생물학, 해양생물학, 유전체학, 면역학

4-4. 교육과정

다음은 신입생을 기준으로 하는 생명과학과의 일반적인 교육과정 예이다. 여기서 다전공이란 복수전공 또는 부전공을 생명과학으로 하고자 하는 학생들이 생명과학에서 개설된 아래의 교육과정을 최소 기준으로 42학점을 이수해야 한다는 의미이다.

졸업최저 이수학점	130학점	교양최저 이수학점	44학점	전공최저 이수학점	단일전공	60학점
					다 전 공	42학점

학년	학기	학수 번호	교과목명	학점 학점	강의시수			이수구분
					이론	실습	계	
1	1	DE095	생명과학전공 및 진로탐색	1	1	0	1	전필
2	1	DE101	동물분류학 및 실험	3	2	2	4	선필
2	1	DE014	분자생물학 및 실험	3	2	2	4	선필
2	1	DE215	생화학 및 실험	3	2	2	4	선필
2	1	DE104	식물분류학 및 실험	3	2	2	4	선필
2	1	DE751	일반미생물학 및 실험1	3	2	2	4	선필
2	2	DE641	곤충학	3	3	0	3	선필
2	2	DE204	세포학 및 실험	3	2	2	4	선필
2	2	DE717	식물형태학	3	3	0	3	선필
2	2	DE752	일반미생물학 및 실험2	3	2	2	4	선필
2	2	DE007	조직학 및 실험	3	2	2	4	선필
3	1	DE718	동물생리학	3	3	0	3	선필
3	1	DE020	바이러스학	3	3	0	3	선필
3	1	DE719	식물생리학	3	3	0	3	선필
3	1	DE724	응용미생물학 및 실험	3	2	2	4	선필
3	1	DE217	조류학 및 실험	3	2	2	4	선필
3	2	DE725	발생생물학	3	3	0	3	선필
3	2	DE021	분자유전학 및 실험	3	2	2	4	선필
3	2	DE022	생명과학 개별진로연구	1	1	0	1	
3	2	DE711	생태학	3	3	0	3	선필
3	2	DE755	육수학	3	3	0	3	선필
3	2	EE612	환경미생물학 및 실험	3	2	2	4	선필
4	1	DE634	면역학	3	3	0	3	
4	1	DE023	산업미생물학	3	2	2	4	
4	1	DE645	생명공학	3	3	0	3	
4	1	DE617	생물통계학	3	3	0	3	
4	1	DE727	신경생물학	3	3	0	3	
4	2	DE732	유전체학	3	3	0	3	
4	2	DE017	의학미생물학	3	3	0	3	
4	2	DE729	진화생물학	3	3	0	3	
4	2	DE644	해양생물학	3	3	0	3	

4-5. 진로

생명과학을 전공한 후 나아갈 수 있는 분야는 다음과 같다. 먼저 교육대학원을 졸업한 후 중등교사 자격증을 취득함으로써 중등학교의 교원으로 취업할 수 있으며 일반대학원 석 · 박사과정을 통하여 학위를 취득함으로써 대학의 교수요원이나 연구원이 될 수 있다. 또한 생물학과 관련된 연구소의 연구원으로서 취업할 수 있으며, 생명과학연구소, 기업체 부설연구소, 환경과학연구소, 원자력연구소 등 매우 다양한 연구소에 연구개발직으로 진출할 수 있다. 그 밖에 병원의 병리사, 제약회사, 식품회사 등 생명과학 관련 분야에 취업할 수 있고 또한 환경기사 자격증을 취득할 경우 환경 관련 연구소나 용역회사 또는 대기업의 환경기사로 취업할 수 있다.

4-6. 졸업생 진로분야

아래는 경기대학교 생명과학 졸업생이 진출한 각 분야를 정리한 것이다.

- 졸업생 진출분야(기업체, 연구소)

생명과학 관련 중소벤처기업 부설연구소, 삼성전자, 한미약품, 에스디, 케이디알, 코람바이오텍, 일송생명공학연구소,

웅비메디텍, 엔케이바이오, 알엔엘바이오, 바이로메드, 랩지노믹스 등

- 대학병원 등 종합병원 내 연구실 서울대, 연세대, 고려대, 차의과대학, 아주대학 등
- 공무원 및 연구원, 연구사, 보건환경연구원, 국립환경과학원, 물환경연구소등 환경직 공무원(7급, 9급 공무원), 원자력연구소, 한국생명공학연구원, 수의검역원(연구사, 연구관) 등, 국립공원 관리공단, 수자원공사 등의 공사
- 국내 대학원의 석 · 박사 과정 진학, 미국, 독일, 영국, 일본, 캐나다 등으로의 유학, MEET, DEET(의,치의학 전문 대학원) 진학 등

05

바이오관련 직업

불과 10년 전만해도 각 대학에 생물관련학과로 생물학과가 거의 동일한 이름으로 개설되었는데 이후로 생물학과는 생명과학과 등으로 개명이 되어 현재에는 생물공학과, 바이오공학과 등으로 기초학문처럼 보여지는 학과명에서 공학과 관련된 그리고 취업에 유리해 보이는 학과명으로 거의 대부분의 생물학과가 이름을 바꿨다. 물론 앞서 설명한 것처럼, 학습내용과 교과과정도 시대에 맞게 변경되고 있어 어찌보면 생물학이라는 생명원리를 중심으로 이해하고 탐구하는 자연과학에서 이를 기초로 가치를 발굴하고 산업적 효능을 찾는 공학 혹은 기술기반 학문으로 변화하는 것은 아마도 시대정신이 발현되는 과정으로 이해해 보면 좋겠다.

다음은 생명과학과와 관련된 아니면 연관된 학과를 중심으로 각 학과를 졸업하면 진출할 수 있는 분야와 직업(군)을 열거한 것이다. 제시한 학과에는 의학, 치의학, 약학, 보건학 등 생물학 또는 생명과학을 기초로 하는 관련학과도 포함하였다. 직업의 경우, 사회적으로 인정된 직업명이 아니더라도 그 단어가 가지는 함축된 의미를 이해하면서 참조해 보기 바란다.

5-1. 생명과학과(생물학과)

진출분야	직업
의약, 환경, 식품, 비료, 화장품, 생명공학 등의 제조, 판매업체, 바이오기기회사, 특허전문인력, 생명공학관련 연구소, 보건환경연구소, 의학관련연구소, 농림수산관련 연구소, 해양연구소, 국립과학수사연구원, 기업체연구소, 중앙정부 및 지방자치단체 생명/보건/농림수산관련 중앙정부 및 지방자치단체 등	바이오에너지 연구 및 개발자, 변리사, 생명과학시험원, 생명정보학자, 생물학연구원, 이학연구원, 생명과학관련 대학교수 및 교사, 농림수산식품축산관련기술자 등

5-2. 수산관련학과

진출분야	직업
농어촌 및 농수산물 관련 공공기관, 수산식품 생산, 유통 및 가공업체, 수산양식 사료업체, 수산종묘개발장(사설양식사업장), 국립수산과학원, 해양연구원, 식품개발연구소, 기업연구소, 기타 수산관련연구소, 수산관련 중앙정부 및 지방자치단체 등	생명과학시험원, 식품공학기술자, 실업계 교사, 수산관련 대학교수, 해양수산기술자 등

5-3. 산림, 원예학과

진출분야	직업
목재가공업체, 목재수입 및 판매업체, 제지 및 펄프업체, 산림개발업체, 조경산업체, 가구제조업체, 산림휴양시설, 자연환경보존 관련업체, 건축업체, 환경연구단체, 원예 및 조경자재 판매업체, 임목육종연구소, 임업시험장, 산림환경연구소, 원예연구소, 농업기술연구소, 작물특화시험장, 화학연구소, 환경직 및 임업직 중앙정부 및 지방자치단체 등	생명과학시험원, 임업기술자, 임학연구원, 임업원예관련 대학교수, 조경기술자, 조경원(원예사), 조림, 영림 및 벌목원 측량 및 지리정보기술자 등

5-4. 농업학과

진출분야	직업
농어촌 및 농수산물관련 공공기관, 종묘회사, 비료회사, 농약회사, 식품가공 및 유통업체, 농축산물무역회사, 농업기계 및 일반기계 제조 및 판매회사, 육가공회사, 유가공회사, 동물약품개발연구소, 축산설비업체, 식품의약품안전처, 식품개발연구소, 생명과학연구소, 가축위생연구소, 축산기술연구소, 농업관련 중앙정부 및 지방자치단체 등	낙농업관련 조사원, 농림어업관련 시험원, 농업기술자, 농학연구원, 생명과학시험원, 식품공학기술자, 식품시험원, 식품학연구원, 농업계 교사, 임업기술자, 농업학관련 대학교수, 조경원(원예사), 축산 및 수의학연구원, 친환경제품인증심사원 등

5-5. 수의학과

진출분야	직업
동물병원, 동물약품업체, 동물원, 가축위생시험소, 국립수의과학검역원, 축산기술연구소, 식품위생감시원, 국립보건원, 생명과학관련 연구소, 수의학관련 중앙정부 및 지방자치단체 등	공학검역관, 농림어업관련시험원, 생명과학시험원, 수의사, 수의학관련 대학교수, 축산 및 수의학연구원 등

5-6. 애완동물학과

진출분야	직업
동물병원, 사료업체, 화장품회사, 동물훈련기관, 애견미용실, 동물원 등	동물사육사, 동물훈련사, 아쿠아리스트, 애완동물미용사 등

5-7. 식품가공(영양)학과

진출분야	직업
식품공학기술자, 가공식품개발연구원, 식품연구원, 식품소재개발연구원, 관련소비자단체, 식품분석연구원, 자가품질관리업체, 김치연구원, 발표식품연구원, 천연식품연구원, 대중소 식품제조업체 및 부설연구소 등	영양사, 조리사, 위생사, 제과제빵사, 푸드스타일리스트, 체험관리사, 식품업 컨설턴트, 식품연구원, 요리강사, 음식료품감정사, 관련분야 대학교수, 조향사, 한식조리사 등

5-8. 환경(공)학과

진출분야	직업
환경관련공기업, 환경관련전문엔지니어링업체, 환경전문시공업체, 환경오염방지시설운영업체, 환경오염물질분석업체, 폐수 및 폐기물처리업체, 환경영향평가업체, 환경설비장치제조업체, 대기/수질 등 환경공학연구소, 환경연구소, 환경기술연구소, 환경 및 폐기관련 중앙정부 및 지방자치단체 등	기후변화전문가, 대기환경기술자, 도시계획 및 설계전문가, 바이오에너지 연구 및 개발전문가, 변리사, 보건위생 및 환경검사원, 산업안전원, 수질환경기술자, 에너지진단전문가, 위험관리원, 관련전공 대학교수, 조경기술자, 토양환경공학기술자, 폐기물처리기술자, 환경 및 해양과학연구원, 환경공학기술자, 환경공학시험원, 환경영향평가원, 환경컨설턴트 등

5-9. 의학과

진출분야	직업
종합병원, 대학병원, 개인 병/의원, 보건소, 방송사, 신문사 등의 방송미디어업체, 제약회사, 국립암센터, 식품의약품안전처, 국립과학수사원, 의료관련연구소, 관련분야 중앙정부 및 지방자치단체 등	관련분야 대학교수, 의학관련 연구원, 가정의학과 의사 등 전문분야별 의사 등

5-10. 치의학과

진출분야	직업
종합병원, 대학병원, 치과병원, 개인 병·의원, 보건소 등 국립암센터, 식품의약품안전처, 국립과학수사원, 치의학관련연구소, 관련분야 중앙정부 및 지방자치단체 등	관련분야 대학교수, 치의학관련 연구원, 치과 의사 등 전문분야별 의사 등

5-11. 치위생학과

진출분야	직업
종합병원, 치과병/의원, 보건소, 제약회사, 구강용품제조/판매업체, 관련분야 중앙정부 및 지방자치단체 등	의료코디네이터, 관련분야 대학교수, 의약품영업직, 치과위생사 등

5-12. 보건관리학과

진출분야	직업
종합병원, 대학병원, 개인병/의원, 방역업체, 산업안전관리업체, 산업위생관리업체, 식품제조업체, 환경오염측정업체, 보험회사, 보건환경연구원, 식품의약품안전처 등 관련 연구기관, 관련분야 중앙정부 및 지방자치단체 등	보건위생 및 환경검사원, 보험사무원, 산업안전원, 위생사, 의료코디네이터, 의무기록사, 관련분야 대학교수 등

5-13. 임상병리학과

진출분야	직업
종합병원, 한방병원, 보건소, 임상검사센터, 전문검진센터, 제약업체, 의료기기 및 진단시약관련업체 및 연구소, 의료관련연구소, 생명과학 및 생명공학연구소, 관련분야 중앙정부 및 지방자치단체 등	보건위생 및 환경검사원, 생명과학시험원, 관련분야 대학교수, 임상병리사, 임상연구코디네이터 등

5-14. 한의학과

진출분야	직업
한방병원, 한의원, 양방종합병원, 보건소, 국립의료원, 한의학연구소, 식품 및 제약 관련 업체(연구소), 관련분야 중앙정부 및 지방자치단체 등	생명과학시험원, 관련분야 대학교수, 의학연구원, 한의사 등

5-15. 약학과

진출분야	직업
개인 및 대형약국(개업 및 관리약사), 종합병원, 대학병원, 제약업체, 화장품제조업체, 건강식품업체, 전통약제 가공 및 제조업체, 식품의약품안전처, 국립보건연구원, 환경연구원, 제약회사 및 부설연구소, 생명공학연구소, 관련분야 중앙정부 및 지방자치단체 등	약사, 약학연구원, 관련분야 대학교수, 의약품개발자, 한약사 등

06

나에 대해서

나는 어떤 사람일까? 다음의 상황을 통해 나에 대해 알아보자.

배를 타고 태평양을 항해하고 있다고 생각해 보자. 이 배에는 다양한 부류의 사람들이 타고 있다. 그런데 여행을 떠난 지 7일째 되던 날 조난을 당하고 만다. 다행이 모든 사람들이 구명보트를 타고 인근에 있는 무인도로 피할 수 있었다. 섬은 매우 아름다웠지만, 아무도 살고 있지 않았다. 선장은 구조대가 오고 있으니 늦어도 5일 후엔 구조가 될 것이라고 한다. 사람들은 무섭고 불안한 상황을 극복하기 위해 조금씩 무리를 짓게 되었다. 서로에 대해 관심을 갖기 시작하며 서로를 알아가고 흥미롭게도 비슷한 성향을 가진 사람들끼리 모이기 시작했다.

A 그룹	이 사람들은 신체 능력이 발달되어 있어 운동이나 연장, 기계 사용 등 몸으로 하는 일을 잘 한다. 뚝딱뚝딱 무엇인가를 만드는 것도 좋아한다. 어디서 도구를 발견했는지, 지금도 무언가를 만들고 있다. 사람보다는 사물, 기계, 도구, 식물, 동물들에 관심이 많고 이런 원시자연의 무인도 생활도 잘 적응하는 것 같다.
B 그룹	이 그룹은 관찰하고, 조사하고, 분석하기를 좋아한다. 말 수가 많지는 않지만 모여 앉아서 왜 배가 조난되었는지, 이 섬은 어떤 섬인지를 연구하고 있다. 문제 해결을 위해 정보를 수집하고 해결 방법을 모색하는 일에 능한 사람들이다.
C 그룹	이 그룹의 사람들은 예술적 성향이 강하고 직관적인 사람들이다. 지금도 이 섬의 아름다움을 맘껏 느끼며 즐기는 것 같다. 상상력과 창의력을 동원해 시나 노래를 창작도 한다. 어떤 룰이나 틀에 매여 있는 것은 별로 좋아하지 않는 것 같다. 그림, 음악, 문학 같은 예술분야나 창의력, 아이디어를 다루는데 능하다.
D 그룹	이 사람들은 사람을 좋아하고 사람에게 관심이 많은 부류이다. 조난 순간에도 두려움에 떨고 있는 사람에게 다가가 안심시켜 주는 건 이 그룹의 역할이었다. 또, 이 섬이 어떤 섬인지, 여기서 잘 지내기 위해서는 어떻게 하는 것이 좋은지 이야기해주고 싶어 한다. 누군가를 도와주고, 가르치고, 성장시키는 일을 좋아한다.
E 그룹	이 그룹도 사람을 좋아한다. 사람들을 설득하고 이끌기 좋아한다. 어떻게 하면 이 상황을 모두 무사히 벗어날 수 있을지 회의를 주도한 후 바로 행동에 옮기는 에너지가 높고 리더쉽과 설득력이 강한 사람들이다.
F 그룹	이 사람들은 데이터 분석이나 수학적 능력이 뛰어난 사람들이다. 배에 몇 명이 탔고, 어떤 사람들이 탔는지 제일 잘 알고 있다.'무인도에서 살아남는 법'이라는 책이 있다면 구해서 그대로 할 사람들이다. 살아남기 위해 매뉴얼도 잘 남겨 놓을 것 같은 사람들이다.

질문 1) 이 섬에서 당신은 어떤 그룹의 사람들과 가장 편하게 오랫동안 지낼 수 있을 것 같아요?

질문 2) 구조대가 도착했는데 구조선이 작아서 두 그룹만 먼저 탈 수 있다면 그리고 여러 가지 이유로 당신이 이 섬에 일주일 동안 더 있기로 했다면 당신은 어떤 그룹의 사람들과 함께 있고 싶나요?

아래의 각 그룹 코드를 참조하여 위의 질문에 대해 내가 선택한 코드는 무엇인가?

A 그룹	B 그룹	C 그룹	D 그룹	E 그룹	F 그룹
현실형(R)	탐구형(I)	예술형(A)	사회형(S)	진취형(E)	관습형(C)

선택한 그룹이 나의 직업 흥미 유형이다. 내가 어떤 유형의 사람인지가 아니라 내가 함께 하고 싶은 사람들을 선택한 것이다. 하지만 이 방법은 홀랜드(Holland)의 이론을 쉽게 설명한 것인데 사람들은 자신과 비슷한 사람들을 좋아한다는 전체를 가지고 있기에 하나의 직업군에 있는 사람들은 유사한 성격을 가지고 있다고 생각해도 좋을 것이다.

대부분의 사람들은 위의 여섯가지 성격 유형인 현실형(realistic), 탐구형(investigation), 예술형(artistic), 사회형(social), 진취형(enterprising), 관습형(conventional)로 설명될 수 있으며, 근무환경, 또한 현실형, 탐구형, 예술형, 사회형, 진취형, 관습형으로 분류되는 여섯 가지 유형 중의 하나로 분류될 수 있다.

〈코드 설명〉

현실형(R)	기계를 조작하는 능력이나 신체적 운동신경이 발달되어 있어 기계나 기구들을 가지고 일하는 것을 선호한다. 이들은 사람과 함께 일하는 것보다 물건들을 다루며 일하는 것을 더 좋아한다.
	핵심어: 정직함, 단순함, 실용적, 말 수 적음, 혼자 일하기, 기술자
탐구형(I)	분석력과 수학, 과학적 능력이 있으며 탐구하고 연구하는 직업을 갖고 싶어한다. 이들은 독립적인 업무 환경을 선호하여 혼자 일하는 것을 좋아하며 사물이나 문제의 본질을 연구하고 이해하는 것을 좋아한다.
	핵심어: 분석적, 지적 호기심, 비판적, 독립적, 내향적, 섬세, 이성적, 나서기를 싫어함.
예술형(A)	예술적 재능을 가지고 작품을 창작하거나 상상력을 이용한 작업에 흥미를 느낀다. 반복적인 일을 하거나 규칙, 규범이 많은 근무 환경에서는 스트레스를 받는다. 창의력을 갖고 새로운 것을 만들어 내거나 아이디어를 도출해 내는 일을 좋아한다.
	핵심어: 풍부한 표현력, 감정적, 상상력, 충동적, 독립적, 직관적, 개방적, 자유로운 영혼
사회형(S)	사람들과 함께 어울리는 것을 좋아하고 어떻게 하면 사람들과 잘 지내며, 내가 어떤면에서 도와 줄 수 있는지에 항상 관심을 가지는 유형이다. 기계를 만지거나 기술적인 일을 하는 것보다 사람들을 돕고, 가르치며, 상담하는 것을 좋아한다. 독립된 환경에서 일하기보다 사람들과 함께 일하는 근무환경을 선호한다.
	핵심어: 따뜻함, 친절, 협조적, 참을성이 많음, 책임감, 사교적, 이해심, 다정다감
진취형(E)	리더쉽이 있으며 사람을 설득하고 이끄는 활동을 좋아한다. 돈과 권력에 관심이 많으며. 다른 사람들에게 영향력을 미치는 것을 좋아한다. 이 유형은 과학적 주제들을 탐구하기 보다는 사람들을 설득하고 감독하는 일을 더 선호한다. 성취 지향적이며 모험심이 강하고 야심차다.
	핵심어: 외향적, 충동적, 긍정적, 에너지가 넘치는, 인기 있는, 자신감, 사교적, 리더쉽
관습형(C)	사무능력이나 수적 감각이 뛰어나 외부보다는 사무실에서 정보나 자료를 관리하고 조직화하는 업무를 좋아한다. 이들은 규칙이 없거나 무질서한 업무 환경에 스트레스를 받으며 반복적인 일들에 익숙하다. 확실한 방향이 없는 일은 싫어한다.
	핵심어: 순응적, 양심적, 조심스러움, 효율적, 질서정연, 참을성이 많음, 내성적, 체계 선호

07

직무에 대해서

직무란 과업 및 작업의 종류와 수준이 비슷한 업무들의 집합으로써 특히 직책이나 직업상 책임을 갖고 담당하여 맡은 일을 의미한다. 즉 어느 정도 비슷한 업무 내용을 가진 업무 범위 또는 그 업무를 수행하는 직무자의 위치들을 하나의 업무관리 단위로 설정한 것이 직무이다. 이와 같이 여러 업무의 맡은 일로 경영지원, 연구개발, 제조생산, 품질관리, 영업관리, 마케팅, 재무관리 등이 있다. 생명과학을 전공하게 되면 이와 같은 다양한 직무를 선택 할 수 있으며, 이들 분야에서 자신의 자질과 역량을 토대로 전문능력을 발휘할 수 있다. 이 장에서는 사회적으로 그리고 일반적으로 통용되는 직무에 대한 의미와 개요 그리고 역할을 살펴볼 것이다. 또한 해당 직무를 수행하는 데에 필요한 자질과 역량을 제시하였으니 이를 토대로 나에게 적합한 직무가 어떤 것들이 있는지 참조하기 바란다.

7-1. 경영지원직

직무	개요	역할(업무)	자질/역량
기획	- 경영환경분석 - 경영전략수립 및 점검	- 대내외 경영정보 수집 및 분석, 조직내 분석정보 제공 - 회사의 발전과 경쟁우위를 지속적으로 유지, 발전시키기 위한 전략적 방향 설정 - 관련부서의 업무에 적용, 부서간 업무 조율, 관리 및 추진	- 분석력 - 전략적 사고 - 대인관계력 - 창의성 - 표현력
회계/경리	- 회계정보 생성/분석 - 회계결산,세무업무 처리	- 기업회계를 바탕으로 기간별 회계 결산 - 대차대조표, 손익계산서, 재무재표 작성 및 분석 - 세법규정 검토, 각종 세금(법인세/부가세/소득세/지방세 등) 신고 및 납부	- 분석력 - IT 활용능력 - 청렴성 - 수리력
재무	- 자금조달, 운용사업 수행지원 - 자금계획 수립	- 경영전략, 사업계획을 바탕으로 수입/지출을 예측해서 자금조달 운용계획 수립 - 자금조달, 자금운용을 통해 최적의 방법을 통한 자금운용	- 협상력 - 설득력 - 사회성 - 구술력 - 분석력
구매/자재	- 자재, 장비 구매 및 제공 - 원가절감, 생산성향상 - 구매계획수립, 공급업체 관리, 자재관리	- 생산에 필요한 원/부자재의 가격동향, 공급업체동향 등 시장조사 - 원/부자재의 구매, 구매자재의 입출고, 관리 및 보관 - 자재공급업체 관리	- 협상력 - 설득력 - 사회성 - 구술력 - 분석력

직무	개요	역할(업무)	자질/역량
홍보/광고	– 홍보를 통한 기업경쟁력 확보 – 대외: 기업/상품의 광고와 홍보 – 대내: 사내 소통강화활동	– 회사의 가치, 경영활동 등에 대한 대고객 홍보와 관리 – 다양한 대중매체 등을 활용한 언론홍보, 보도자료 작성	– 대인관계력 – 유연성 – 창의력/창의성 – 분석력 – 설득력
인사	– 인재 채용/확보/유지/육성 – 평가/보상/조직관리	– 인사체계와 제도수립(평가, 보상, 육성 등) – 인재관리(채용, 충원, 부서이동 등) – 인재육성(직무교육 등)	– 의사소통력 – 대인관계력 – 유연성 – 분석력 – 판단력
교육	– 사내 경력개발, 교육체계 수립 및 시행 – 교육과정개발/운영/평가 – 자기개발지원	– 장/중/단기 교육수립(인성, 직무, 조직비전 등) – 교육개발/운영(자체개발 및 위탁개발) – 교육효과 분석 및 측정	– 의사소통력 – 대인관계력 – 분석력 – IT활용능력 – 사교력/사회성
총무	– 비품/소모품 및 자산과리 – 사무인프라 조성/관리, 의전업무	– 비품 및 자산관리(부동산, 동산) – 쾌적하고 효율적인 업무환경 유지 – 다양한 조직행사 준비와 의전	– 고객지향성 – 의사소통력 – 대인관계력 – 상황대처력 – 창의력
법무	– 법적 분쟁의 예방/대응/해결 – 소송수행, 법률자문, 법령분석, 지식재산권 관리업무	– 조직과 관련된 소송업무 – 경영에 필요한 법률자문 – 사업수행시 필요한 법률자문 – 지식재산권 관리	– 정보수집력 – 활용력 – 판단력 – 발표력 – 전략적 사고력 – 분석력
비서	– 임원 업무활동 보좌 – 임원 일정관리, 정보관리 및 문서작성, 내방객 접대	– 조직 임원의 일정관리 – 임원의 담당업무 관련 정보관리 및 문서작성 – 임원을 대신한 대내외 의사소통 역할 – 내방객 접대, 사무환경 관리	– 대인관계력 – 성실성 – 의사소통력 – 청렴성 – IT 활용능력 – 외국어능력

7-2. 영업/유통직

직무	개요	역할(업무)	자질/역량
영업/영업관리	- 제품 또는 서비스에 대한 영업 및 영업관리 활동	- 조직의 사업계획과 마케팅을 연계하여 매출목표와 영업계획을 수립 - 관련부서의 협조를 통해 영업, 판촉활도을 전개하고 매출관리 - 새로운 고객의 확보와 관리 및 기존 거래선의 유지와 관리 - 상품정보 수집 및 공유	- 대인관계력 - 설득력 - 의사소통력 - 도전성 - 적극성
해외영업/무역	- 제품의 수입, 수출 및 해외시장 개척	- 해외정보 수집 및 판매전략 수립 - 기업의 해외 판매실적 관리 및 신규 거래처 개척 - 수출입 관리	- 외국어능력 - 국제감각 - 설득력 - 목표지향성
마케팅/상품개발	- 시장환경 분석을 통한 판매전략 수립 - 성과관리	- 판매전략 수립을 위한 시장조사 및 분석 - 제품판매를 극대화하기 위한 마케팅전략 수립	- 분석력 - 창의력 - 전략적사고력 - 수리력
물류/유통	- 제품을 고객에게 전달하는 역할 - 물류계획 및 발송, 입출고관리	- 연간 또는 분기별 물류운용계획수립 - 고객 및 기업에게 적기적소에 물품전달 - 입출고 관리	- 대인관계력 - 유연한 사고력 - 고객지향 - 인내력 - 설득력
판매/매장관리	- 고객과의 접점에서 제품의 판매 및 판매활동 관리	- 제품진열 및 포장 - 입출고관리 및 반품관리 - 고객응대 및 관리 - 매장관리	- 대인관계력 - 유연성 - 고객지향 - 인내력 - 설득력
텔레마케팅/고객지원	전화를 통한 상품판매 및 홍보	- 고객에게 전화를 통한 제품판매 - 고객이 불만처리	- 의사소통력 - 대인관계력 - 문제해결력

7-3. 제조/생산직

직무	개요	역할(업무)	자질/역량
제조/생산(관리)	제품생산, 인적/물적 생산자원 관리	- 연간 또는 분기별 생산계획 수립 - 생산실행 및 생산에 필요한 인원의 관리 및 외주관리 - 공정관리 및 개선, 원재재 수급관리	- 대인관계력 - 리더쉽 - 분석력 - 합리성 - 추진력
생산기술	- 생산공정, 설비를 설계및 도입 - 생산설비 관리	- 생산제품의 특성에 맞게 필요한 공정의 설계 및 개선 - 생산설비의 도입 및 개선, 설비관리 및 정비	- 분석력 - 통솔력 - 창의력 - 문제해결력 - 리더쉽 - 합리성
제조/생산(기능)	- 부품 등을 활용한 제품의 생산 - 결함 제품의 해결	- 단계별 부품 및 제품의 조립 - 결함제품에 대한 문제해결	- 유연성 - 창의력 - 리더쉽 - 팀원지향 - 통솔력 - 성실성

7-4. 연구개발/품질관리/안전관리직

직무	개요	역할(업무)	자질/역량
연구/개발	고객니즈에 부합하는 신제품을 개발 - 기존제품의 수정/보완	- 제품생산 및 관리에 필요한 기술정보 수집 - 제품생산에 필요한 개발계획 수립 및 생산기술의 연구 - 제품개선 및 설계 변경 - 신기술 및 요소기술 개발	- 분석력 - 창의력 - 목표지향 - 도전성 - 합리성 - 분석력

직무	개요	역할(업무)	자질/역량
품질관리	– 품질검사 – 품질보증	– 품질정책 및 계획수립 – 생산제품의 품질관리 및 품질보증 – 작업표준 개발 – 불량률 개선 및 양품관리 – 품질지표 개발 및 생산 적용	– 정보수집력 – 분석력 – 의사소통력 – 전문성 – 리더쉽
안전관리	– 안전시설 설치, 유지 보수 – 관련기관 수검 – 대기/수질/환경오염 방지시설 관리	– 기업의 환경정책 수립 – 환경점검 및 환경 오염방지 시설관리 – 안전/소방/보건 관리	– 분석력 – 대인관계력 – 협상 및 설득력 – 전문성 – 성실성

7–5. IT/전산직

직무	개요	역할(업무)	자질/역량
웹기획/ 웹마스터	– 인터넷 홈페이지 관리 – 홈페이지의 문제 해결	– 기업에 필요한 인터넷 홈페이지 개발 – 홈페이지내 발생문제 해결	– 유연성 – 창의력 – 목표지향 – 대인관계력 – 창의력
웹디자인	– 홈페이지 디자인 – 방송/영화/게임용 디자인	– 인터넷 홈페이지 디자인 도안 – 홈페이지 활용에 필요한 디자인 및 텍스트 개발	– 유연성 – 창의력 – 목표지향 – IT활용능력
프로그래머	– 시스템분석자가 설계한 내용을 알고리즘을 통해 프로그램 개발	– 컴퓨터 프로그램 논리 또는 알고리즘을 설계 및 개발	– 분석력 – IT활용능력 – 정보수집 및 활용능력 – 대인관계력
통신/ 기술/ 모바일	– 웹프로그램 개발 및 유지보수 – 모바일 프로그램 개발 및 유지보수	– 기업에서 필요한 웹프로그램/모바일 프로그램 개발 및 유지보수	– 분석력 – IT 활용능력 – 정보수집력 – 대인관계력

7-6. 서비스직

직무	개요	역할(업무)	자질/역량
승무원	- 차/배/비행기 승객의 사무 - 좌석점검, 안내, 안전 업무	- 항공기승무원, 열차승무원, 선박승무원 등 - 승객에 대한 서비스제공	- 성실성 - 사교성 - 상황판단력 - 인내력 - 조정능력 - 대인관계력 - 국제감각 - 어학능력 - 고객지향 - 상황대처력 - 대인관계력 - 문제해결력 - 목표지향
호텔리어	- 객실 예약, 판매, 접객 홍모업무 - 종사원의 업무관리 - 서비스교육 및 서비스 제공	- 객실 예약업무 및 판매, 식당, 주방, 홍보 등 호텔에서 이뤄지는 각종 활동을 계획하고 종사원들의 업무관리 - 각 부서별 매출증진 전략 수립 및 서비스 향상 및 청결유지 관리 감독	- 성실성 - 사교성 - 인내력 - 어학능력 - 설득력 - 목표지향 - 국제감각 - 대인관계력 - 고객지향 - 문제해결력
금융텔러	- 예금/대출상담, 여신관리 - 창구제반 업무	- 창구에서 일어나는 각종 업무, 고객상담 - 은행의 일반업무(입출금, 예금, 대출, 신용카드, 여신 등)	- 치밀성 - 주의력 - 책임성 - 수리력 - 상황판단력 - 사교성 - 의사소통력 - 대인관계력 - 목표지향

7-7. 전문직

직무	개요	역할(업무)	자질/역량
건축/토목	- 목적성에 적합하게 적절한 재료의 선택 - 실용적, 미적 구조물 시공	- 건물을 세우고 그 방법과 양식 등 기술공학적인 구조물 창작 - 기술, 구조 및 기능을 수단으로 쾌적하고 안전한 생활을 하기 위한 기술적 전개	- 통솔력 - 추진력 - 전문성 - 합리성 - 정교성 - 책임성 - 도덕성 - 분석력 - 리더쉽 - 대인관계력 - 목표/성취지향
광고기획	- 상업적 목적을 위한 광고매체의 활용과 기획	- 글, 그림, 사진, 영상 등을 대중매체 또는 인터넷 등을 통해 다양한 방법으로 소비대중에게 알려 판매를 촉진하는 활동 - 예상구매자에게 상품 또는 서비스 등에 관한 내용을 전달, 설득하여 판매 등의 목적을 달성하고자 하는 업무	- 창의력 - 직감력 - 정확성 - 언어능력 - 상황판단력 - 사교성 - 설득력 - 목표/성취지향 - 창의력 - 정보수집력
기자/아나운서	- 신문, 통신, 잡지, 방송 등의 취재, 편집 - 사회, 진행 및 중계	- 보도와 논평 담당 및 편집, 평론 - 정보전달 목적을 가지고 신문 또는 방송프로그램의 운영	- 종합분서력 - 예측력 - 치밀성 - 기획력 - 유연성 - 대인관계력 - 목표/성취지향 - 논리력

직무	개요	역할(업무)	자질/역량
영양사, 조리사	– 영양기법, 응용, 연구, 개발을 통한 영양서비스 제공 – 급식관리, 보건상담	– 피급식인의 건강유지 증진 및 식단작성, 검식 및 배식관리 – 구매원부자재의 검수, 관리, 급식시설의 관리 및 영양지도와 위생교육 – 영양상담, 영양상태 평가, 영양지원 등	– 사교성 – 공감성 – 기민성 – 전문성 – 사회성 – 청렴성 – 신의성실성 – 리더쉽 – 분석력 – 의사결정력

08

생명과학 이슈에 대한 나의 의견 말해 보기

8-1. 유전자서열 분석을 할 것인가? 말 것인가?

2017년 초 이미 50만 개 이상의 개별 인간 유전체의 염기서열이 분석되었다. 여러분은 자신의 유전체 서열을 알고 싶나요? 자신의 유전체 서열 분석을 하고자 한다면 얼마면 지불할 용의가 있나요? 이 서열 정보를 가지고 당신은 무엇을 할 수 있을까요? 누가 당신의 서열 정보에 접근할 수 있을까요? 당신의 서열 정보에 접근할 수 있는 사람은 누구여야 한다고 생각하나요?

8-2. 최고의 의약품에 대한 비용을 누가 지불해야 할까요?

의약품을 출시하는 데에 평균적으로 약 3조원이 소요된다고 한다. 이 비용에는 의약품의 부작용이나 비효율성으로 인해 승인되지 못한 약물의 연구개발 비용도 포함된다. 일반적으로 약물의 정제 공정 등은 이미 개발되어 있기 때문에 이러한 비용은 대부분 의약품의 사람을 대상으로 한 임상 실험에서 발생하게 된다.

대부분의 사람들은 값비싼 의약품 가격에 승인되지 못한 제품에 대한 연구비이 일부분이 반영된다는 사실은 모른다. 만일 약물유전학을 활용하여 각 개개인이 자신을 위해 가장 적합한 최상의 약물을 결정할 수 있다면 그런 맞춤 의약품을 출시하는 데 드는 비용은 수직 상승할 것이다.

생명공학 회사는 주주들에게 이익을 제공해야 하기 때문에 약물이 모든 개개인에게 적합하지 않더라도 모든 사람이 자신의 약물을 구매하게 하도록 하려고 한다. 최선의 해결책은 무엇이라고 생각하는가? 개인별로 맞춰진 값비싼 또는 최첨단 약품 또는 거의 일반적으로는 효과가 덜하고 부작용을 일으킬 수 있는 약품이거나 저가의 약품에 대한 복용의 결정은 여러분에게 달려 있다.

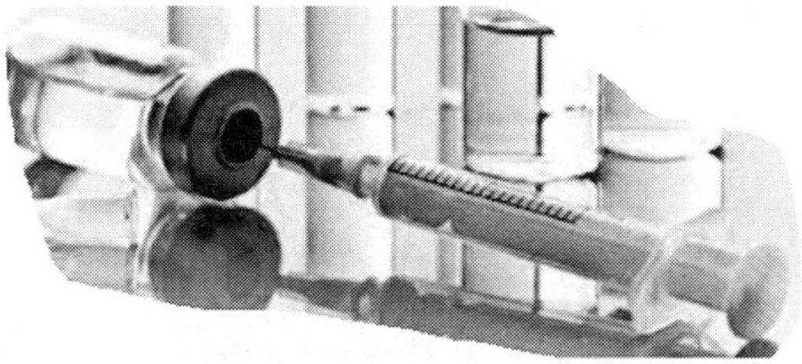

8-3. 통제가 불가능한 미생물

미생물 생명공학에 관련된 많은 논란들 중 하나는 우연한 도입 혹은 의도적인 방출을 통해 재조합 미생물이 주변 환경에 유입될 수 있는 가능성에 관한 것이다. 만약 재조합 미생물이 아무런 규제 없이 우리 주변 환경에 노출된다면 우리는 이 유기체에 결국 어떠한 변화가 일어나는지 어떻게 알 수 있을까? 유전자 조작 세균의 첫 번째 현장 적용은 캘리포니아 대학의 식물 병리학자인 스티븐 린도우(Steven Lindow)와 그의 동료에 의해 수행되었다. 그들은 얼음 결정 형성을 촉진하는 단백질을 합성할 수 있는 *Pseudomonas syringae*라는세균을 발견했다. 린도우와 그의 동료 연구자들은 이 세균에서 얼음 결정 형성 촉진 단백질을 생성하는 유전자를 제거시킨 "ice-minus" 세균을 만들었다. 그들은 식물을 ice-minus 세균에 노출시키면 서리에 민감한 농작물을 추위로부터 보호해 생장할 수 있는 계절을 확장시키고 농작물의 생산량을 증가시킬 것이라고 제안했다. 논란의 여지가 많은 상황에서 린도우 팀은 1987년에 감자를 이용한 *P. syringae* 실험을 진행하는 것을 승인받았다. 비슷한 시기에 다른 과학자들은 캘리포니아의 작은 마을에서 딸기를 이용한 ice-minus 세균의 실험을 승인 받았다. 이것이 미국에서 유전자 조작 미생물을 의도적으로 환경에 방출한 첫 시도였다. 이 두 실험에서 다수의 식물이 유전자 조작 미생물의 방출로 인한 피해를 받았다. ice-minus *P. syringae*는 서리를 방지하는 효과를 보이긴 했지만 린오우와 다른 과학자들이 기대하는 만큼의 효과를 보이지 못했다. 우연히 최근 몇 년 사이에 많은 스키 리조트 운영자들은 인공눈을 만들 때 눈 결정 형성을 촉진하기 위하여 자연에 존재하는 *P. syringae* 균주들을 포함하고 있는 상업적 인공눈 제조장비들을 사용하고 있다.

과학자들이 관심을 갖는 점은 수평적 유전자 이동(horizontal gene transfer)이다. 왜냐하면 세균 사이의 유전자 이동은 야생에서 자연스럽게 일어나며 이러한 현상은 유사 미생물로의 유전자 확산을 초래하기 때문이다. 유전적 재조합의 결과로서 그들이 물려받은 유전자로부터 발현된 다른 특징을 갖는 새로운 미생물 균주가 생성될 수 있다. "미생물들은 통제가 불가능하다"라는 관점에서 볼 때에 관련된 의문점이나 고려사항이 다음과 같이 제기될 수 있다.

만약 재조합 미생물들이 원래 의도하지 않았던 다른 미생물들에게 유전적으로 변형된 유전자들을 전달할 수 있다면 어떠한 현상이 발생한 것인가? 예를 들면 만약 ice-minus 세균 유전자가 추운 조건에서 살아가는데 익숙한 세균 균주로 전달된다면 어떻게 될까? 한 번 재조합 미생물들이 우리가 원치 않게 도망가거나 환경에 배출되면, 미생물들로 인하여 현장에서 발생하고 있는 일들을 우리가 원하지 않는다 해도 우리는 그 미생물들을 실험실로 다시 가져올 수 없다. 우리가 현장실험에서 유전자 조작 미생물의 탈출을 방지할 수 있을까? 바람, 비 그리고 다른 기상요소가 관여하는 경우에 그것은 불가능하거나 어려운 일이다. 비록 생명공학의 이론은 위와 같은 결과를 초래한다 할지라도 "통제된" 실험조건에서 유전적으로 조작된 미생물들이 방출될 수 있을까? 위에 질문들에 대한 여러분의 의견은 무엇인가요?

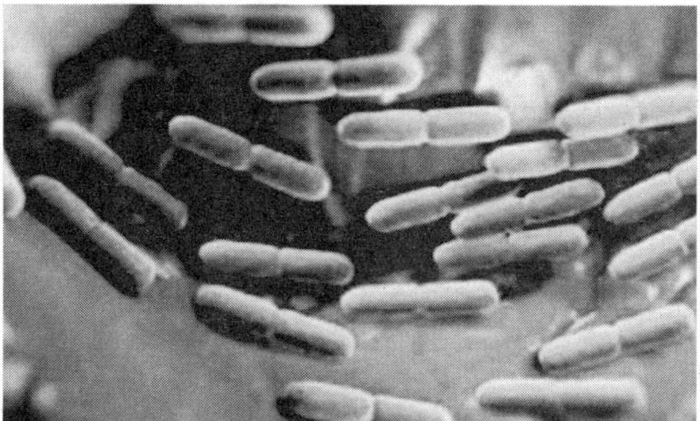

8-4. 병원성 생물의 유전체 염기서열을 공공 데이터베이스에 남겨두어야 하는가?

과학은 과학자들이 생명현상을 이해하기 위한 방법 중 하나로써 데이터베이스와 같은 웹 리소스나 논문과 같은 간행물, 회의 등에서의 발표를 통해서 데이터와 정보를 공유하는 활동에 많이 의존한다. 현재는 콜레라, 탄저병, 뇌수막염, 및 천연두를 유발하는 병원성 생물들과 같은 많은 인간 병원성 생물들에 대한 유전체 염기서열 결정이 완료되었으며 잠재적인 생물무기들에 대한 유전체 분석도 데이터베이스 안에 저장되어 있어 이들 정보를 공개적으로 이용하게 할지 말지에 대한 심각한 논의가 있다.

테러리스트들이 생물무기를 생산하는 방법으로써 이들 염기서열을 사용하여 병원성 독소로 사용될 수 있는 재조합 단백질을 개발할 수 있다는 우려가 제기되고 있기도 하다. 다른 사람들은 테러리스트들이 유전체 자료를 가지고 현존하는 백신이나 약물에 내성을 가질 수 있는 더욱 더 효과적인 "초강력 무기"로써의 병원성 생물들을 만들 수 있다고 말한다. 하지만 많은 유전체과학자들은 공공의 데이터베이스에 저장된 병원성 생물의 염기서열을 개방하는 것에 호의적인 입장을 보이며 정보에 대한 대중적 접근성을 허용하는 것이 중요하다고 언급한다. 또한 이러한 병원성 생물의 염기서열을 이용 가능하게 함으로써 인류의 건강이 위협받을 만큼 우리들이 이러한 병원체의 유전체들에 대해 잘 알지 못한다고 주장한다. 여러분의 의견은 어떤가? 공공 데이터베이스 안에 저장된 병원성 생물의 유전체 염기서열을 모든 사람들에게 개방하는 것이 맞다고 생각하는가?

8-5. 생명을 인공적으로 창조해야만 할까?

만일 궁극적으로 합성 생물의 실생활 적용이 일상화가 되면 인생을 덜 힘들게 하면서 우리는 간편하고 편리한 삶을 영위할 수 있을까? 물론 우리는 오랫동안 실험실에서 생명을 창조해 오고 있다. 시험관 인공수정(*in vitro* fertilization, IVT)가 그 예이다. 하지만 합성생물학은 매우 다른 접근방법이다. 당연히 합성생물학에 관해 제기되는 한 가지 공포스러운 것은 생물테러 집단들이 독성이 없거나 거의 미약한 세균과 바이러스를 치명적인 세균과 바이러스로 개조하기 위해 합성 유전체 전략들을 사용할 수 있다는 것이다.

우리가 더 좋거나 혹은 더 바람직하다고 여기는 생물의 특성들을 갖도록 자연에 존재하는 세포들을 개조하기 위해 과연 어느 수준까지 이 합성생물학 기술을 사용해야 하는가? 미래에 무생물로부터 생명을 창조하기 위해 합성 유전체들을 사용할 수 있다고 생각하는가? 만일 그것이 기술적으로 가능하다면 실행되어만 하는 당위성은 무엇인가?

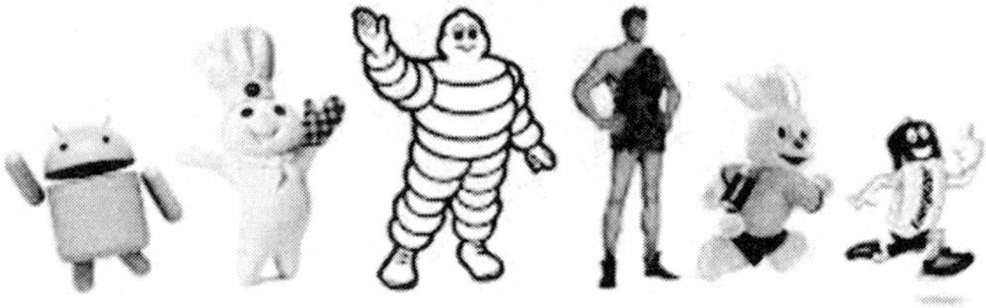

8-6. 기능 획득과 바이러스 조작

세계 도처에서 많은 연구자들은 어떻게 특정한 병원균이 사람들에게 더 치명적이고 더 쉽게 전파될 수 있도록 변형되는지를 이해하기 위해 디자인된 소위 '기능 획득' 실험을 진행하고 있다. 실제로 미국 위스콘신 대학교의 독감 연구팀은 그들이 H5N1 바이러스를 유전적으로 조작해 흰 담비들 사이에서 공기를 통해 이 바이러스가 전파된다는 결과를 얻었다는 사실은 상당한 논쟁의 소지가 있다. H5N1은 정상적으로 조류들 사이에서만 전파된다는 것을 상기하자. 이 연구팀은 1918년 유행했던 균주에 있는 유전자들을 사용하여 새로운

H1N1을 창조했다. 이 바이러스는 포유동물에서 전파될 수 있었고 H1N1 야생균주보다 더 위험하다는 것을 확인하였다. 이런 연구로부터 연구팀은 하나의 독감 유행병은 야생 조류 독감 바이러스로부터 발생할 수 있다고 잠정적인 결론을 내렸다. 한편, 인플루엔자 바이러스, SARS 및 중동호흡기증후군(MERS)을 야기하는 바이러스들의 독성을 증가시키는 기능 획득 연구에 대해 미국 내에서 연방정부 연구비 지원이 금지되었다. 하지만 2018년 초에 기능 획득 연구가 공중보건의 위해를 거의 유발하지 않는다는 결과들을 근거로 하여 연구비 지원금지가 해제되었다.

유행병 잠재력을 가진 병원균에 대한 연구를 평가하고 승인하기 위해서 새로운 정책들이 마련될 것이다. 바이러스들이 항상 돌연변이 되고 이와 같은 연구들이 우리들로 하여금 유전적 변화들을 예측하는 것을 도와주기 때문에 감염성 질병 발생에 대해 우리가 대처 방안을 찾을 수 있다고 연구자들은 주장한다. 이러한 연구자들의 말이 일리가 있는가? 어떤 바이러스가 조작될 수 있고 또는 조작될 수 없는 지에 대한 제한 조치들이 마련되어야 한다고 생각하는가? 실제로 HIV나 에볼라 바이러스가 공기를 통해 전파될 수 있는 형태로 조작해 창조할 수 있는 것을 허가해야 한다고 생각하는가?

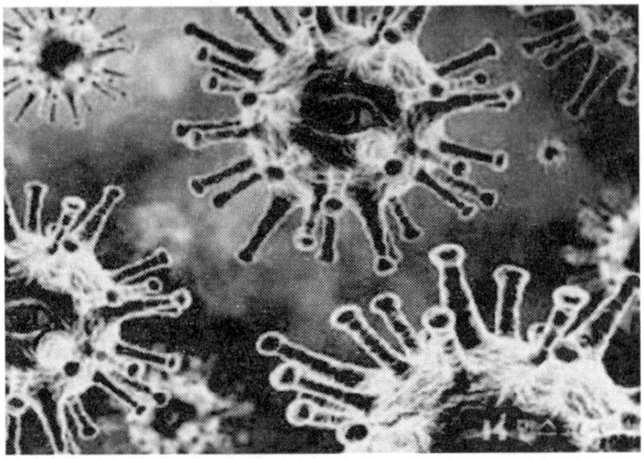

| GMO 식품의 표기 |

2016년 6월 미국 의회는 유전자조작 기술로 만든 식품에 몇 개의 선택 조항의 표기에 대한 법안을 통과시켰다. 농무성은 생산자들에게 포장에 유전자변형생물(Genetically modified organisms, GMO)의 심볼이나 주의사항, 혹은 소비자가 스마트폰으로 스캔해 정보를 탐독할 수 있도록 QR 코드를 표기하도록 요구하는 프로그램을 만든 것이다. 또한 생산자들은 웹사이트나 수신자부담 전화번호를 통해 정보를 전달할 수도 있다.

식품제조 공장은 부분적으로 회사들이 어떻게 정보를 전달할 것인가에 대한 유연성이 허락되었기에 이 법안을 지지했다. 또한 하나의 연방정부 법으로 50개 주가 각각의 독자적인 표기 체계를 만들어 낼 필요가 줄어든 것이다. 법안을 통해 사람들은 이렇게 GMO 표기를 함으로써 식품의 진짜 내용물을 소비자에게 숨긴다는 논쟁에서 벗어날 수 있으며 사람들은 먹는 식품이 어떤 것인지를 알고서 구입여부를 결정할 수 있도록 하는 혜택을 누릴 수 있다고 주장한다. 법안은 GMO 사료를 먹인 가축의 고기는 제외되었기 때문에 추가로 예외가 더 생길 것으로 생각된다. 또한 사람들이 먹는 거의 모든 것들이 육종기술이나 생명공학 기술로 유전자가 변형된 것이 때문에 GMO를 명확하게 구분한다는 것은 상당히 애매모호한 것이다.

GMO는 원료 물질이라기보다는 농업이 좀 더 지속가능하게하고 농산물을 더 많이 생산하게 하는 혁신 기술이기 때문에 이 입법안이 소비자의 지식만 늘리는 것이 아니라는 주장을 할 수도 있다. 미국 퍼듀대학교에서는 GM 작물을 금지했을 때 농작물 생산량 감소에 따라 경제적 영향이 매우 클 것이라는 연구결과를 발표하였다. 미국의 모든 유전자변형 농작물이 없어진다고 가정하면 농업을 위해서 더 많은 농지가 필요하므로 온실가스 배출도 더 많이 늘어날 것이라는 예측결과가 나오기도 하였다. 또한 작물 생산량의 감소로 인해 옥수수 값은 28%, 콩 값은 22% 가량 급등할 것이라고 전망하였다. 반대로 GM 작물 재배 시범사업은 농부들이 비용은 줄이면서 생산량은 더욱 늘릴 수 있도록 도울 것이라는 전망이 있다. 또 다른 답변하기가 어려운 질문으로 새로운 유전자를 삽입하거나 기존의 유전자를 제거하는 것인 아닌 기존 유전자를 편집함으로써 만든 작물은 어떻게 할 것인가이다. 유전자를 제거하기 위한 기술인 크리스퍼-캐스로 유전자를 편집하거나 변형시키는 사례가 많아지고 있다. 이런 기술로 만들어진 농작물은 외부 유전자가 도입된 것이 아니라고 해서 규제를 받지 않는다. 2017년에 시장에 출시된 북극 사과는 소비자가 직접 사과에 대한 정보를 제공 받을 수 있는 웹사이트에 들어 갈 수 있도록 QR 코드가 사과봉지에 표기되어 있다. 이미 3만 4천 개 가량의 농산물은 영양소, 성분, 알러지 유발물질, 브랜드 등의 상세한 정보가 들어 있은 QR 코드를 사용하는 SmartLabel™를 가지고 있다. 시장 조사에 의하면 소비자의 약 60% 정도가 개선된 특성을 가진 생산물을 살 것이라고 하였다. 10~15% 정도는 완강하게 반대하고 있지만 그 생산물을 경험해 본 이후 그들 중 일부는 바뀔 것이라는 예측도 있다. 특정한 유전자의 제거로 만들어진 농작물을 유전자 변형 식물로 인식할 것인지 아니면 차별 없이 개량된 작물로 인식할 것인지 여러분의 의견은 어떠한가?

8-7. 라운드업은 환경에 해로운 것인가?

제초제의 일종인 라운드업의 주성분인 글리포세이트는 특정 잡초에게만 독성을 갖도록 개발되었지만 실험실에서 동물에게도 영향을 끼친다는 연구결과가 있다. 몇몇 연구는 고 농도의 글리포세이트가 미토콘드리아의 기능을 약화시키며 얼룩줄무늬 열대어의 정자 운동을 감소시키고 쥐의 뇌에서 신경전달물질의 활성을 감소시킨다는 보고를 하였다. 일부 연구자들이 얼룩줄무늬 열대어에서 글리포세이트만을 사용하였을 때 나타나는 효과와 동일한 농도의 글리포세이트를 포함한 제초제 라운드업의 효과를 비교하는 실험을 한 결과, 놀랍게도 열대어는 더 빨리 움직였으며 기초 호흡량은 더 높은 반대의 결과가 나왔다.

세계 최대의 농업생명공학회사인 몬산토의 연구자들은 이런 결과에 놀라지 않았다. 그들이 설명하기로는 라운드업에서 사용된 유화제는 가정에서 사용하는 것과 유사하며 고농도로 사용할 경우에 세포막의 분해와 결과적으로 미토콘드리아의 손상을 일으킬 수 있다는 것이다. 그들은 식기세척제나 손비누도 동일한 결과를 초래한다고 주장하였다. 아이오와주와 노스캘로라이나주에 거주하는 약 9만 명 농부들과 그 배우자들을 20년 넘게 조사한 데이터를 근거로 한 농업건강연구의 2017년 분석 결과는 글리포세이트와 비호치킨 림프종이나 대부분의 암 발생 사이에 유의할 만한 연관성이 없다는 것이었다. 제초제 생산자는 성분 조성을 자주 바꾸고 있고 이런 화학물질이 다량으로 팔리고 사용되기 때문에 과학자들은 어떤 간과되는 부작용이 있을지 모르니 지속적으로 위해성 분석에 대한 책임이 있다. 여러분은 기업이 라운드업과 같은 제품의 승인을 받기 위해 정기적이고 장기적으로 제품의 성분 조성 시험을 할 필요가 있다고 생각하나요?

8-8. 유전자 편집기술을 통해 조류독감이 닭에서 사람에게 전달되는 것을 막을 수 있을까?

닭은 새로운 독감 바이러스가 사람에게 전파 될 수 있는 잠재적인 숙주이다. 닭 사이의 바이러스 전파 방지를 통해 감염된 조류에 사람이 노출되어 감염될 위험성을 감소시킬 뿐만 아니라 경제적인 손실도 줄일 수 있다. 영국 캠브릿지-에디버러 과학자들은 조류독감 바이러스 제어요소와 매우 유사한 단백질을 암호화하는 유전자를 닭에 도입하였다. 바이러스 복제기구가 속임을 당해 바이러스 복제 방해 유전자 대신에 유인용 분자를 인식하도록 변경한 것이다. 형질전환된 닭이 조류독감에 감염되었을 때 아픈 증상은 나타나지만 동일한 환경에서 사육되는 다른 닭들은 감염시키지 않았다.

전통적인 백신은 바이러스가 진화될 때마다 새롭게 만들어야 하며 또한 유연관계가 매우 가까운 바이러스에만 효과가 있기 때문에 감염을 완벽히 막을 수 없다. 반면에 새롭게 개발된 기술은 백신과 매우 다른 접근 방법이다. 가축 전염병은 전 세계적으로 식품안전을 위협하는 중요한 요인들 중 하나이다. 조류독감과 같이 사람에게 전이될 수 있는 병원체는 국가적 안전을 위협하는 전 세계적으로 가장 심각한 수준의 전염병으로 각인되고 있다. 하나의 유전자 전달에 의해 이러한 위험을 제거할 수 있다는 점을 감안할 때 과연 우리는 유전자변형 닭으로 위험스런 병원체의 감염과 전파를 제어할 수 있을까? 여러분의 생각은 어떠한가?

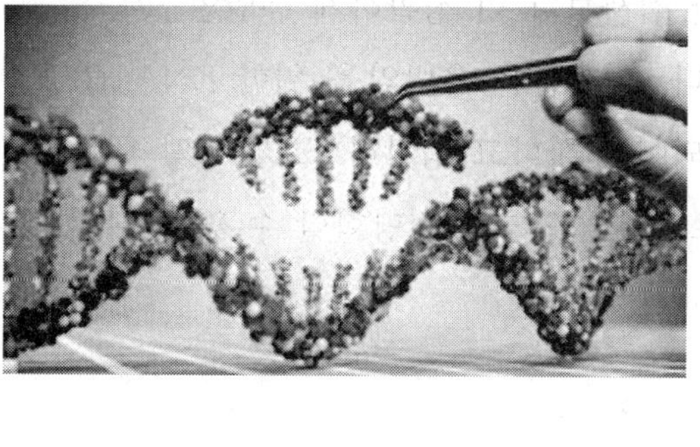

8-9. 유전자 검사로 유방암의 예방률을 더 높일 수 있는가?

미국의 암 연구소는 65,000명 이상의 여성을 대상으로 한 대규모 연구에서 유방암 발병 위험이 높은 여성들을 진단하기 위해 의사들의 능력을 향상시킬 수 있는 광범위한 유전적 위험 요소를 검출하는 검사를 진행하였다. 런던의 암 연구소와 캠브릿지대학이 이끄는 수백 개의 연구기관이 공동으로 참여한 이 프로젝트에 따르면 77개 DNA 코드의 개별 염기들의 차이가 여성의 유방암 발병 위험과 관련이 높음을 보여주었다. 그들은 '다유전자 위험 점수(polygenic score)'라고 불리는 점수와 여성의 유방암 위험 사이에 유의한 연관성을 발견하였다. 예를 들어 다유전자 위험 점수의 상위 20% 안에 있는 여성들은 평균 점수의 여성들보다 유방암 발병률이 1.8배나 더 높았다. 이전에 유방암 위험의 증가와 관련이 있었던 77개 유전자 마커들의 해당 패널을 검사하면 마커를 더 적게 사용한 검사보다 더 정확하게 유방암 발병의 위험성을 밝힐 수 있다. 여러분은 유방암을 위한 DNA 검사법이 일상적인 것이 되어야 한다고 생각하나요? 어떻게 유방암 DNA 검사를 의료보험에 연계해 정당화할 수 있을까요?

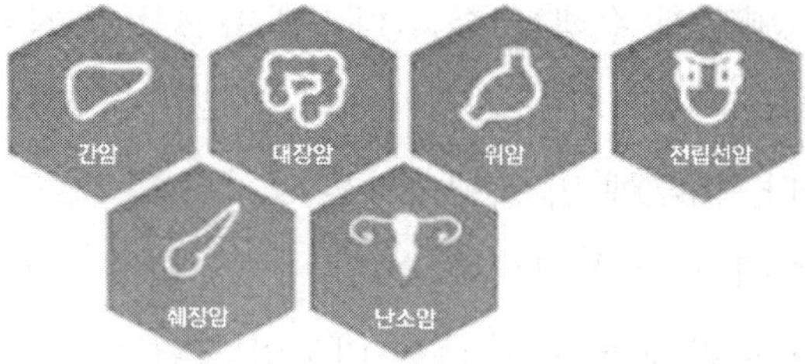

8-10. 범죄 현장에서 신속한 DNA 검사는 법의 집행에 도움이 되는가?

기술의 발달은 곧 실현 가능하고 현실적인 현장형 고속 DNA 검사를 가능할 것이다. 하지만 이러한 개념의 새로운 휴대용 법의학 DNA 샘플 추출 시스템인 "랩온어 칩(Lab on a chip)"은 법의학 DNA 신원 확인 단체에 새로운 도전을 제기한다. 오늘날 실험실 기반의 DNA 신원 확인 기술에 대한 검증 가이드라인이 이미 마련되어 있으며 이는 법의학 전문가들로부터 활용되고 있다.

지난 10년간 실험실 기반의 법의학 DNA 신원 확인에 사용되는 각 표본을 가공하는데에 약 8~10시간이 소요됐다. 예를 들어 분석 과정에서 PCR은 일반적으로 표준 열 순환 프로토콜에 따라 약 3시간 정도 걸리기 때문에 신속 DNA 분리 장치를 위한 잠재적 사용은 충분한 경쟁력을 가진다. 경찰서 담당자는 들어오는 용의자들에 대한 예비 시험을 거의 훈련 없이도 빠르게 수행할 수 있다. 침 표본들은 최소한의 침습적 방식으로 수집되어 경찰서에서 바로 주요 정보의 입력이 가능하다. 이후에 법 집행기관은 알려진 범죄자 프로필 데이터베이스에서 즉시 검색할 수 있는 프로필을 조사할 수 있다. 이러한 노력을 통해 2011년 미국의 국립 표준기술연구소에 신속 DNA 분석을 위한 과학적 실무 그룹이 설립되었다. 이 그룹은 차세대 신속 DNA 기술과 관련해 품질을 검사하고 시험되지 않은 과정들을 평가 및 검증하는 데 도움을 주기 위한 연구를 수행하였다.

실무 그룹은 정책에 영향을 끼치고 절차들을 정의하며 잠재적인 결과에 대해 논의한다. 이 실무 그룹의 권고는 법의학적 DNA 분석 단체가 신속 DNA 분석 장비를 올바르게 사용할 수 있도록 안내한다. 기존의 경우 실험실 셋팅에서 훈련된 연구자 개인이 DNA 분석을 완료한다면 신속 DNA 분석 장비는 자동적으로 DNA 분석하게 된다. 이 고속 DNA 분석 장비의 시험결과가 정확한지 여부를 확인하려면 어떻게 해야 하는가? 사생활은 어떻게 보호되어야 하는가? 여러분의 의견을 제시해 보세요.

8-11. 허드슨강의 PCB 딜레마

미국 뉴욕주 북부를 관통하며 굽이치는 허드슨강 계곡은 동북부에서 가장 아름다운 지역이지만 희미하게 빛나는 푸른 물결의 표면 아래에는 심각한 환경문제들이 도사리고 있다. 1947년에서 1977년까지 제너러일렉트릭사가 polychlorinated biphenyl (PCB)이라고 불리는 독성물질 54만 킬로그램 이상을 이 강가에 있는 공장에서 강으로 방출시켰다. PCB는 1977년 이전에 생산된 변압기, 축전기, 그리고 전기장치의 냉각유체와 절연유체에 흔히 사용된다. 이 물질은 더 이상 미국에서 생산되지 않고 대부분의 다른 국가에서도 생산이 금지되었다. PCB는 지방 용해성 화학물질로서 지방조직에 점진적으로 축적되기 때문에 사람과 야생동물에게 매우 독성이 강하다. 허드슨강의 어류는 안전기준을 초과하는 농도의 PCB로 심각하게 오염되어 있었다. 허드슨강 대부분의 구역에서 어류의 포획이 금지되었거나 제한되었다. 하지만 일부 사람들은 물이 너무 깨끗해 보이고 물고기가 오염되어 보이지 않기 때문에 이런 규제를 무시하였다. PCB는 사람에게 심각한 건강상의 위험요소가 되어 장기간 노출 시 암, 불임, 및 면역이상과 갑상선에 영향을 끼치는 의료상의 심각한 문제를 일으킨다고 알려져 있다. 특히 어린이들에게는 치명적이다.

허드슨강의 주변 환경은 여전히 PCB의 농도가 높다. 허드슨강에서는 대부분의 PCB가 강 바닥에 있는 퇴적물에 위치에 있다. 이렇게 분해가 어려운 화학물질을 제거하기 위해 미국 환경청은 오염된 퇴적물을 제거하기 위해 4만 5천톤 이상의 PCB가 포함된 약 250 km 길이의 강바닥을 준설하는 계획을 제안하였다. 이 준설 계획은 논쟁의 여지가 많았으며 이 계획에 대해 야당은 수년 동안 그 시행을 연기했다. 이 계획을 비판하는 사람들은 준설선이 퇴적물을 부수어 더 많은 PCB를 물속을 방출할 것이라고 예상하였다. 많은 사람들은 준설을 대신해 퇴적물을 제자리에 남겨두고 PCB를 세균으로 분해하는 방법을 통해 생물학적 정화와 함께 화학물질을 지연적으로 분산시키는 해류를 유도하는 것이 장기적 관점에서 PCB 오염을 줄일 수 있는 것이 최선의 방법이라고 생각했다. PCB 분해 혐기성균들이 허드슨강의 침전물에서 발견되었고 몇몇 혐기균들은 염소와 수소를 분리하는 첫 단계에 관여한다. 수생의 호기성균들이 PCB를 더욱 변형시키면 다른 균들이 물과 이산환탄소 및 염소로 전환시킨다. 결국 2009년에 이 계획이 진행되었다. 6년간의 준설 작업 후 거의 2.8 제곱 킬로미터의 오염된 퇴적물이 제거되었다. 이 계획은 2015년 EPA에 의해 완료되었다. 준설 작업은 좋은 아이디어였다 하더라도 준설선의 퇴적물은 어디로 보내 졌는가? 이 화학물질은 어떻게 제거될 것인가?

어떤 사람들은 PCB를 함유한 퇴적물을 완전히 혐기적인 환경인 밀폐된 매립지에 두는 것이 분해 과정을 늦출 것이라고 생각했다. 자연적 생물정화를 통해 시간이 지남에 따라 천천히 분해될 수 있는 진흙 속에 이러한 화학물질을 남겨 두어야 하는가? EPA는 PCB 농도가 일주일에 한 번씩 강에서 물고기를 안전하게 먹을 수 있는 시점에 될려면 70년 이상이 필요하다고 예상했다. 여러분은 물고기가 인간의 소비를 위해 안전하다는 것을 결정하기 위해 어떤 증거로 평가해야 한다고 생각하는가? 조치를 취하거나 아무것도 하지 않는 것에 대한 장단점은 무엇인지 의견을 제시해 보세요.

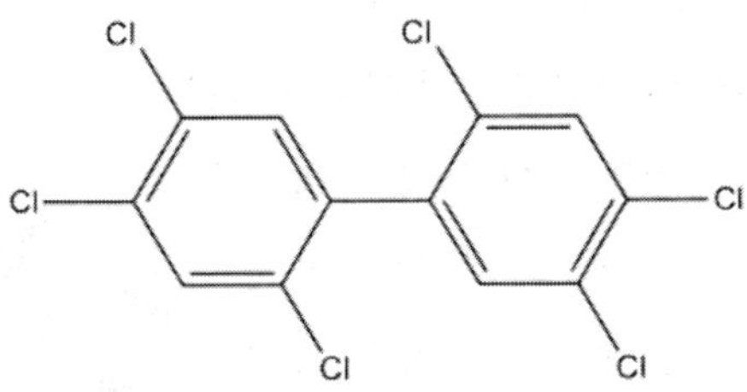

8-12. 인체용에서 애완동물용으로 다시 인체용으로 사람들은 이런 방식의 동물실험을 수용할까?

2013년 미국 FDA는 화이저가 신청한 개의 아토피피부염 치료제를 승인했다. 이 약은 원래 인체용 류마티스성 관절염 치료제로부터 유래되었는데 염증반응을 일으키는 사이토카인 표적을 개의 그것으로 바꿈으로써 새로운 애완동물용 치료제가 된 것이다. 이 약은 수 시간 내에 가려움 증을 멈추게 해 준다. 매출 상위 10위 내에 생물의약품이 6개를 차지하기 때문에 NextVet사는 인체치료용 항체를 개나 고양이용으로 적용할 수 있는 전용실시권을 가지고 있다. 또 다른 기업인 MediVet Biologics사는 골관절염을 치료하기 위한 줄기세포 치료제를 애완동물에까지의 적용을 확대하였다. 즉 애완동물로부터 지방세포를 추출하여 줄기세포로 전환시킨 후에 다시 애완동물에게 주입하였다.

애완동물이 인간용 치료제의 현실적인 평가도구로 인식하게 되면서 미국 국립암센터에서는 애완동물 임상실험을 계획하게 되었으며 이로부터 사람의 암에 대해서도 만은 정보와 지식을 얻게 될 것으로 기대하고 있다. 일반 대중들은 이러한 방식의 동물실험을 받아 들일 것으로 생각하는가? 여러분의 의견을 제시해 보세요.

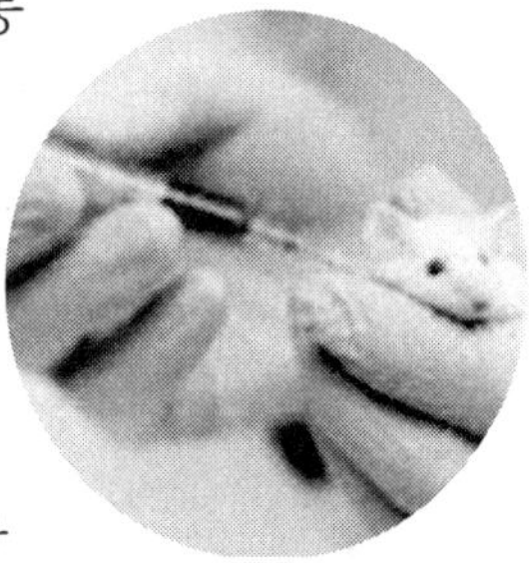

8-13. 어류 오염과 유전자 공해의 위험성 : 수산양식과 유전자 변이 생물의 논쟁점

어류 오염은 새로운 기생충의 유입, 토착종을 위한 먹이와 서식지, 산란장의 경쟁 재래종과의 이종교배, 그리고 서식지의 파괴 등 생물의 다양성을 감소시키거나 변경하는 것에 의해 자연 생태계를 위험하게 하는 수산양식 생물의 탈출을 표현하는 말이다. 농장에서 사육된 물고기는 서식 환경으로부터 탈출이 빈번하다. 어류 오염의 예와 그 결과들의 기록이 있다. 예를 들어 플로리다의 어떤 운하에서는 먹이와 산란을 위해 야생 경쟁(out competed)하는 토착종으로 왕성한 식욕을 가진 수산 양식 어종인 틸라피아가 빠르게 증가하고 있다. 비슷하게 텍사스의 걸프 연안과 서부 캘리포니아의 대서양 연안에서 양식된 토종이 아닌 태평양 흰 새우가 탈출해 이 지역을 자유롭게 헤엄쳐 다닌다. 또한 양식 사육된 대서양 연어가 태평양 북서부에서 번식하고 있다. 26종의 태평양 연어와 무지개 송어는 최초로 위험에 처했거나 멸종될 위기에 놓은 것으로 알려져 있다. 많은 과학자들은 이러한 토착종의 멸종이 양식된 물고기로부터의 다른 기생충들이 전파되었기 때문이라고 믿는다. 노르웨이에서는 약 150개 지역에서 21,000마리의 야생 대서양 연어 유전자 마커를 분석한 결과, 이 지역의 약 절반의 야생 물고기가 양식 연어의 유전자를 가지고 있었다.

1991년부터 1999년까지 브리티시 콜롬비아의 연어 농장으로부터 34만 5천 마리의 연어가 서식지에 탈출한 것으로 추측된다. 2000년 12월 미국 동북부의 메인주에서 두 번째로 큰 연어 양식장의 철제 우리가 뿌리채 뽑혀 10만 마리 이상의 연어가 마치아스 만으로 탈출한 사건이 발생했다. 이 사건은 메인주 강의 야생 연어의 다음 세대 유전 가능성을 악화시킬 우려가 크다. 미국 정부는 이내 멸종될 위기에 처한 8개 메인주 강의 야생 연어를 방류시켰고 결과적으로 이 지역에 있는 수산 양식의 파급성에 대한 문제에 대한 인식했다.

뉴브런스윅주와 메인주에 있는 일부 강들은 양식되어 탈출한 연어가 자연산 연어보다 훨씬 더 수가 많았다. 양식된 물고기의 서식지 탈출은 환경론자들과 다른 여러 단체들이 세계의 많은 지역의 새로운 물고기 어장의 일시 정지와 수산 양식 산업의 규제를 위해 규합하는 원인이 되었다. 많은 수산 양식 어종은 가축과 유사하게 인간을 의지하게 되고 양식의 생활에 불완전하게 개조되었다. 양식된 연어는 야생종보다 더 작고 게다가 덜 기름진 알을 생산한다. 연구에 따르면 수산 양식은 유전자와 특성을 선택해서 작용해 감금에서 자라기 때문에 동물은 야상에서 불리하다고 했다.

2017년에 발표된 연구결과에 따르면 노르웨이, 칠레, 스코틀랜드, 캐나다 및 호주의 양식장에서 빠르게 양식된 연어는 야생 연어와 비교해서 내이에 기형이 있어 이들 연어들은 그들의 청력을 50%까지 소실되었다고 보고했다. 청각 능력의 결핍이 물고기의 생존에 어떻게 영향을 끼쳤는지에 대해서는 아직 잘 모르지만 이런 문제는 양식 물고기에 의해 야생의 물고기에 퍼질 우려가 있다는 면에서 쉽게 바라만 볼 수 있는 문제는 아니다.

더 큰 걱정거리는 증가된 형질전환 3배체와 같은 유전자

조작 생물의 서식지 이탈이다. 비록 대부분의 이런 생물들이 생식할 수 없다고 하더라도 안전한 기술 없이는 모든 유전자 조작 물고기가 불임이 완전할 수 는 없다. 탈출해 야생에서 자란 형질전환 어종들의 계획된 성장률은 흔히 그들이 계획한 환경에서와 마찬가지로 생장하지 못한다. 결과적으로 만약 이들이 토착종과 교배해 새끼를 낳으면 흔히 잡종은 생식능력을 잃고 더 느리게 성장한다. 형질전환 어종들의 도입으로 인해서 수 천년 이상 일어났던 적응 구조가 변화되고 토착종의 생식능력을 감소시킬 수 있다. 물고기의 성장 능력이 증가하면 토착종의 먹이와 산란장소 확대를 위한 외부경쟁이 가능해 질 것이다.

2001년에 메릴랜드주는 저수지와 다른 수로와 연결된 회수에서 유전자 조작 물고기 양식을 금지시킨 첫 번째 주가 되었다. 비평가들 또한 문제의 원인으로 변종 확산에 대한 역사상의 예를 인용한다. 예를 들어 1980년대 그레이트 호수로 들어가던 원양선에 의해 미국에 도입된 것으로 생각되는 유럽 얼룩말 홍합은 아주 심각한 생태계 문제를 야기시켰다. 이 패류는 서식지의 다른 어종들을 질식시켰고 여과 섭식을 통해 그레이트 호수의 토종 플랑크톤을 멸종시키는 원인이 되었다. 파이프를 막고 선박의 동체에서도 성장이 가능했다. 그레이트 호수 한 지역의 얼룩말 홍합을 관리하는 데 드는 총비용은 추축컨대 매년 4조 원 이상이 넘는다. FDA가 식량자원으로서 형질전환 어류의 안전성을 규제하는 데 관여하는데

도 미국의 수산양식 어종의 서식지 이탈을 규제하기 위한 명확한 정책은 없다.

미국 농무부는 형질전환 어종의 위험성과 해양과 비해양적 환경 모두의 유전자 조작 생물 유입의 안전성을 평가하는 방법을 면밀히 조사하고 있다. 대부분의 과학자들은 수산 양식과 생명공학이 인구 집단의 증가에 따른 안전하고 충분한 식량을 생산하기 위해 필요하다고 믿는다. 이 기술들의 위험성이 아무것도 하지 않는 것의 위험성보다 더 큰가? 여러분의 의견은 어떤한가?

8-14. 형질전환 연어는 안전할까?

2013년 FDA는 아쿠아바운티(AqaBounty)사의 형질전환 연어를 인간 소비를 위한 최초의 유전자조작 동물로 승인했다. 아쿠아바운티는 기술개발에 약 700억 원 이상의 개발비를 투자했다는 것을 감안할 때 연어로 수익성 있는 회사가 되기 위해 상당한 매출을 창출해야 할 것이다. 알래스카와 오리건주는 야생 연어를 수출하기 위해 유전자조작 연어의 승인을 방해하고 있다. 국제 식료품 체인 Whole Foods는 아쿠아바운티 연어는 판매하지 않는다. 미국의 학부모들은 가족들이 소비하는 식품의 85%를 구매한다. 아쿠아바운티는 미국의 학부모들에게 성공적인 식품인 연어애 대해 효과적인 마케팅을 해야 하는가? FDA는 아쿠아바운티 연어가 야생 연어와 마찬가지로 안전하고 영양가가 우수하다고 말한다. 왜냐하면 이들 연어는 야생의 연어와 분석해 보면 결과가 다르지 않고 따라서 FDA는 아쿠아바운티 연어가 식품으로서 추가 표시가 필요없다고 결정했다. 이 연어로 만들어진 음식은 유전자 조작으로 표시해야 할까? 표시해야 한다면 그 이유는 무엇인가? 혹시 아니라면 그 이유는 무엇인가? FDA 승인을 위한 조건으로 아쿠아바운티는 프린스 에드워드 아일랜드의 종란 생산장, 캐나다와 파나마의 양식장 두 곳에서만 연어를 제조하는 것으로 제한되었다. 만일 아쿠아바운티는 판매 기대에 부응하기 위해 생산량을 늘리기 위해서 양식 시설을 확장하거나 새로운 시설을 개발해야 한다면 FDA의 허가를 받아야 한다.

FDA는 인디애나주 알비니 근처의 육상 시설에서 아쿠아바운티사의 연어 양식 허가를 내 주었다. 그러면 아쿠아바운티 연어가 야생으로 탈출할 위험성이 증가할까? 이 회사가 생산 설비를 증설하는 게 좋은

지 아닌지 FDA가 고심해야 하는 어떤 이유가 있다고 생각하는가? 인도나 중국과 같은 국가에서 인간의 소비를 위해 유전자조작 물고기 생산에 막대한 투자를 하고 있다. 이 나라들이 유전자조작 물고기 분야에서 리더국가가 된다고 하면 우리나라가 이 나라들로부터 유전자조작 물고기의 수입을 해야 하는가? 당신은 아쿠아바운티사의 형질전환 연어를 먹을 것인가?

8-15. 고민해야 할 유전자 검사에 관한 문제들

현재 유전자 검사가 가능하기 때문에 유전자 정보가 어떻게 사용되는지 그리고 유전자 정보가 개인의 결정을 넘어서 사용될 수 있는 것에 대한 많은 우려가 제기되고 있다. 이러한 문제 중 일부에 대한 살펴보자

· 잘못된 결과의 심리적 영향은 건강한 사람에게 질병 유전자 또는 유전적 장애를 가진 사람에게서 발견되지 않은 유전자 결함이 있음을 잘못 나타낼 수 있는가?
  - 우리는 어떻게 유전자 정보의 프라이버시와 기밀성을 보장 받고 유전자 차별에서 자유로울 수 있을까?
  - 유전자 정보에 누가 접근할 수 있어야 할까? 여러분의 유전적 배경이 어떻게 당신을 차별하는 데 사용될 수

있는가? 건강 또는 생명보험 회사가 유전자 정보에 접근할 때 보험료에 어떤 영향을 줄 수 있는가? 자동차 운전에 나이와 같은 위험 요소가 보험료 인상에 대한 근거가 되는 것처럼 '유전적 위험'에 따라 보험료를 인상해야 하는가?

- 미래의 배우자 또는 고용주처럼 다른 사람에게 자신의 유전적 장애에 대한 정보를 제공해야 하는가?
- 바람직하지 않은 인간의 행동과 관련된 유전자가 발견될 경우 기소된 범죄자가 이 유전자 때문에 유죄를 인정하지 않는 항변의 근거로 사용되는 경우 법정에서 어떻게 해당 유전자를 인정해야 하는가?
- 유전자 검사의 오류는 비극적인 결과를 초래할 수 있다. 현재 미국에서는 유전자 검사의 품질관리에 대한 연방 표준이 없다. 오류를 최소화하기 위해 어떤 품질관리 요구 사항이 있어야 하는가?

이런 질문 외에도 태아 검사는 다음과 같은 윤리적으로 해결하기 어려운 문제를 제기한다.

- 아직 태어나지 않은 아기나 성인에게 치료 방법이 없는 유전자의 검사 필요성이 있는가?
- 부모가 태어나지 않은 아이에게 유전적 결함이 있음을 알게 되었다면 어떤 결과가 예상되는가?

- 사회는 유전적 결함을 가진 개인이 아이를 갖지 못하게 하는 규범을 구현할 것인가?
- 대부분의 보험회사는 아직 모체 혈액의 전장 유전체 분석에 대한 상용 서비스를 하지 않고 있지만 만일 이 서비스 실시한다면 한 번 서비스를 받는 데에 백만 원 정도의 비용이 소요될 것으로 보인다. 이러한 유전자 검사에 건강보험이 적용되어야 한다고 보는가?

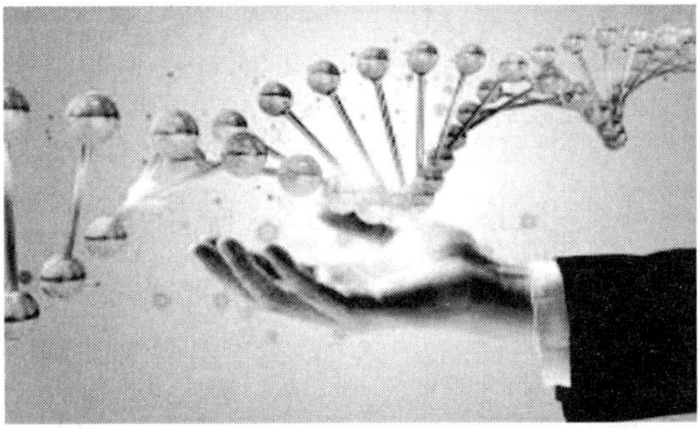

8-16. 유전자 검사, 운명 검사?

몇몇 회사는 이제 산전 임신 검사를 수행해 엄마의 DNA 샘플의 유전자 서열 데이터를 분석하기 위한 통계적 방법을 토대로 자손의 잠재적 표현형에 대해 '운명 예측'을 하는 서비스를 시행하고 하다. 미국의 벤처기업인 23andMe는 부모의 DNA 샘플을 사용하여 눈 색과 특정 질병의 위험을 포함하여 태아의 유전적 특성을 예측하기 위한 Family Traits Inheritance Calculator라는 기술로 미국 특허를 획득했다. 이 특허에는 인공 수정시 정자와 난자를 선별하는 기술이 포함되어있다.

현재 인공 수정에 의해 수정된 배아의 성별 선택은 매우 일반적이다. 선입견을 가지고 '디자이너 아기'라는 용어를 사용할 수 있는가? 유전자 분석이 머리 색, 눈 색, 기타 신체적 특성 및 잠재적 행동 특성처럼 비의학적 특성으로 방향을 틀면서 이 특허는 난자 제공자와 정자 제공자의 유전자형 데이터를 비교해 유명한 부모에게서 특별한 표현형을 가진 아기 또는 가상의 자손을 만들 수 있는 과학적인 제안과 실제적인 적용이 가능하게 되었다.

GenePeeks라는 회사는 미래 부모의 DNA를 '디지털' 방식으로 디자인' 함으로써 유전적인 장애로부터의 위험을 줄이기 위한 특허 출원 기술을 보유하고 있다고 주장한다. GenePeeks는 정자 기증자와 임신을 원하는 여성의 DNA를 분석해 자손의 특성에 가장 유전적으로 적합한 기증자를 여성에게 제공할 계획이다. 이 회사의 독점적인 컴퓨팅 기술은 염기서열 분석 데이터를 사용하여 기증자-의뢰인 쌍의 ' 가상'난자와 정자를 검사하여 예비 부모의 가상 자손에서 약 10,000개의 특정 질병이 발생할 가능성을 추정할 수 있다.

이와 같은 기술이 미래에 널리 보급되고 소비자 수요를 이끌어 낼 수 있을까? 여러분의 생각은 어떤한가? 결혼도 하기

전에 특정 사람과 자녀를 둘 것인지 결정하기 전에 이러한 유전자 분석을 수행하겠는가? 그러한 운명 검사의 정확성을 검증하기 위해 어떤 보증 또는 품질관리 조치를 취해야 한다고 생각하는가?

8-17. 인간 배아와 생식세포 편집?

질병을 예방하거나 치료하기 위한 체세포의 유전자 편집은 큰 가능성을 가지고 있다. 그러나 체세포를 편집하는 접근법에서 논란의 여지가 있다. 예를 들어, 이것을 유전자 강화에 사용해야 하는가? 근이영양증을 치료하기 위한 유전자 편집을 건강한 남성의 근육량과 근력을 향상시키기 위해 사용하는 것을 어떻게 생각하는가? CRISPR-Cas의 적용 가능성은 배아 및 생식선 편집 가능성만큼 많은 관심을 끌지 못했다. 인간 배아와 인간 생식선(정자와 난자 세포)을 편집하기 위해 CRISPR-Cas를 사용하는 것은 ZFN과 TALENS가 처음 사용될 때 비슷한 우려가 있었음에도 불구하고 이 기술의 적용은 논란의 여지가 많다.

세포가 완전히 분화되기 전 초기 배아를 편집하면 인간 생식선(정자 및 난자 세포)이 편집되고 이렇게 편집된 배아는 후속 세대에 영향을 미치게 된다. 알려진 질병을 가진 부모가 돌연변이를 물려주지 않으면서 자식을 가질 수 있다. 하지만 이로 인해 유전자 편집 접근법이 확인할 수 없는 변화처럼 의도치 않은 결과에 대한 우려를 포함하여 많은 안전성과 관련된 문제가 발생할 수 있다. 현재 미국에서는 배아 편집을 위해 연방 기금을 사용하는 것이 금지되어 있다. FDA는 추후 이러한 금지가 해제 될 경우, 유전자 편집이 허용 될 수 있는 기준을 정의하기 위해 위원회 활동을 진행 중이다.

2015년 한 중국 과학자 팀이 CRISPR–Cas9를 사용하여 체외 수정을 위해 기증된 86명의 인간 배아에서 HBB 유전자의 편집을 보고했다. CRISPR–Cas 치료 2일 후, 71개의 배아가 생존했지만 그 중 4개 만이 HBB 유전자에 의도된 변화가 나타났다. 예상외로, 많은 다른 배아가 치료 결과 HBB 이외의 유전자에서도 돌연변이를 발생했음이 확인되었다. 중국 연구팀은 유전자 편집 기술이 배아에 사용하기에는 충분히 개발되지 못했다고 결론을 지었다. 2016년에, 중국의 또 다른 연구팀에 의한 인간 배아 유전자 편집에 관한 두 번째 연구를 발표한 보고서에는 HIV 감염에 대한 내성을 부여하기 위해 CCR5 유전자에 돌연변이를 도입하기 위해 CRISPR–Cas9의 사용을 설명했다. 이 연구에서, 26개의 배아 중 4개가 성공적으로 유전자 편집이 되었지만 다른 배아에서는 치료 결과로서 바람직하지 않은 돌연변이가 확인되었다. 이것은 2015년 연구와 같이 HIV 내성 배아를 생성하기 위한 개념 증명을 보여 주었으나, 이 시점에서 배아의 유전자 편집이 정확하거나 안전하지 않다는 것도 분명히 보여 주었다.

2017년 오레곤 보건과학대학(Oregon Health and Science University)의 연구자들은 유전체의 다른 곳에서 원치 않는 변화를 일으키지 않으면서 인간 배아의 유전자 결함을 복구할 수 있다는 연구를 발표했다. 이것은 시험관 수정을 통해 생성된 배아의 MYBPC3이라는 유전자를 목표로 했으며, 이 유전자의 돌연변이를 가진 아이는 심장이 커져 성인이 되면 심장 마비를 일으킬 수 있었다. 다행이도 이 유전자가 편집된 배아는 이식되지 않고 파괴되었다. 앞서 언급 한 바와 같이, 이 연구는 연방 기금으로 지원되지 않았다.

이러한 연구와 다른 연구는 배아의 유전공학에 대한 중요한 윤리적 논의를 자극했다. 현재 미국, 영국 등을 포함해 약 20개 국가들은 인간 생식선 및 배아 변형을 엄격히 금지하고 있지만 다른 국가에서는 일부 허용하는 규정이 있다. 이것은 과학자, 윤리학자, 정치인, 환자 및 환자 가족들로부터 계속해서 광범위한 관심을 불러일으킨다. 중국, 인도 및 일본과 같은 국가에서는 유전자 변형을 금지하는 법률이 아닌 지침이 있지만 일반적으로 시행되지 않는 것으로 간주되거나 대부분 무시된다. 최근에 미국 국립과학원과 국립 의학아카데미에 의해 결성된 자문 그룹은 “심각한 질병과 장애”를 유발하는 것으로 알려진 유전자에 대한 배아 편집을 승인했다. 여러분은 배아 편집이 허용되어야 한다고 생각하나요? 그렇다면 어떤 제한이나 고려 사항이 있어야 할까요? 배아 편집에 사용되는 유전자들은 어떤 조건을 갖춰야 적합하며 역으로 어떤 조건에서는 배제되어야 할까요? 유전자 편집이 유전체에 의도하지 않은 변화를 일으키지 않도록 하기 위해 어떠한 안전적 조치를 취해야 할까요? 여러분의 의견을 말해 보세요.

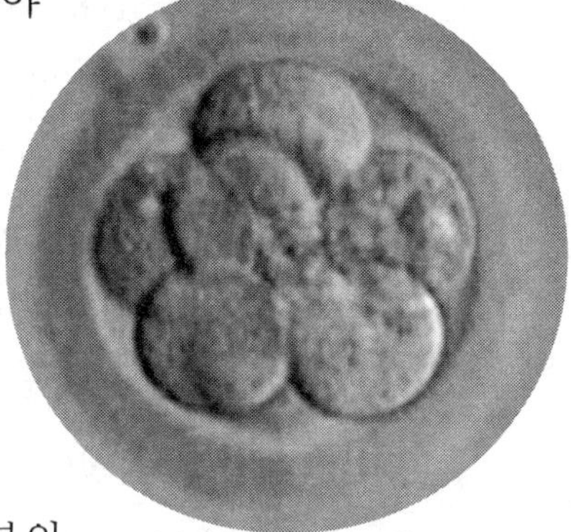

8-18. 줄기세포와 클로닝 논쟁

과학과 의학이 혁신적인 발견을 만들어 낼 때, 사회는 새로운 기술의 결과에 선제적으로 대비하기가 어렵다. 1850년에 마취 기술의 발달은 논란의 여지가 있는 것으로 간주된다. 많은 사람들이 마취로 인한 예기치 않은 부작용에 대해 걱정했다. 150년이 지난 후, 복잡한 수술과 심지어 사랑니를 뽑는 등의 일상적인 과정에서 마취는 거의 분쟁을 야기치 않는다. 재조합 DNA 기술이 개발되었을 때 그러한 연구의 결과에 대한 두려움과 추측이 있었음을 상기해 보자.

마취 및 재조합 DNA 논쟁과 달리 성직자, 정치인, 연구원 및 일반 대중은 현재 줄기세포와 복제의 장점에 대해 격

결히 논쟁하고 있다. 이러한 논쟁의 근간에는 인간 줄기세포의 원천, 특히 hESC의 잠재적인 사용 및 남용이 있다. hESC는 초기 인간 배아의 근원에 관한 논쟁의 여지가 있다. hESC는 아마도 대중과 정치인에 의해 논의된 가장 논란이 많은 과학 문제 중에 하나일 것이다. hESC는 많은 치명적인 질병을 치료하고 사람들에게 더 건강하고 장수 할 수 있는 기회를 제공 할 수 있는 엄청난 잠재력을 가지고 있다. 여러분은 기술의 사용에 대해 어떻게 생각하나요? 줄기세포와 클로닝을 둘러싼 질문들은 끝이 없다.

- 다른 용도로 사용할 경우 인간 배아를 파괴하기 위한 목적으로만 생산하는 것을 허용해야 하는가?
- 연구를 위해 인간 배아를 만드는 데 동의한다면, 윤리적 문제가 제기되기 전에 배아를 증식시키고 연구하는 데에 시간을 제한하는 것이 필요한가? 미국을 포함한 대부분의 서구 국가에서는 실험실에서 배양한 인간 배아는 수정 후 14 일까지만 연구해야만 한다는 요구 사항이 있다.
- 줄기세포 연구는 사람의 난자를 상당히 많은 양을 필요로 한다는 단점이 있다. 여성에게 난자를 수집하기 위해 비용을 지불하는 것을 허용해야 하는가?
- 치료적 복제에 의해 만들어진 초기 배아의 도덕적 상태는 무엇인가?

- 기증자는 기증한 세포로부터 만들어진 세포주나 기술에 대한 어떤 권리를 가지는가? 조직 기증자는 그 조직의 세포에서 생성된 줄기 세포주에 대한 금전적 보상을 받아야 하는가?

어떤 사람들은 난자가 수정되는 순간 인격이 형성된다고 믿기 때문에 다른 사람의 이익을 위해 의도적으로 아이를 죽이는 것과 동등한 치료적 복제에 대한 고려가 필요하다. 다른 사람들은 초기 배아가 인격을 형성할 가능성이 있는 살아있는 세포의 무리라고 생각하지만 초기 배아 자체는 인간이 아니라고 생각한다. 시험관 수정에 의해 분화된 배아의 파괴는 정당한 것인가? 왜 사람들의 고통을 줄이는 데 배아를 사용하지 않는가?

과학자들은 다양한 방식으로 삶을 정의한다. 생물학자들은 배반포라고 불리는 세포 집단이 세포 수준에서 살아 있다는 데 동의한다. 모든 생명체는 존중받을 가치가 있지만, 배반포는 사람의 사지, 신경계, 기관 또는 기타 신체적 특징이 없기 때문에 사람이 아니다. 그래서 우리가 인간 배아에 도덕적 지위를 부여해야 하는지, 그렇다면 어떤 단계에서 도덕적 지위를 부여해야 하는지에 대한 주요 논쟁이 계속되고 있다. 배아의 도덕적 가치는 분화가 진행됨에 따라 증가하는가?, 아기나 성인의 가치는 동일한가? 배아가 살아있는 사람으로 간주된다면 다른 살아있는 사람처럼 모든 권리를 갖는가? 결과적으로 배아를 의도적으로 파괴하는 것은 부도덕한 일이다.

사람들은 배아복제 연구에 세금이 어떻게 쓰여 지는지, 그리고 그 연구가 윤리적이고 책임감 있고 안전한 연구인지를 살펴봐야만 한다. 과학관련 기관들은 사람들이 hESC 및 복제와 같은 주제에 대해 올바른 결정을 내릴 수 있도록 지식을 공유해야 한다.

인간의 생식적 복제는 미국에서 최소 13개 주에서 불법이며, 30개 이상의 국가에서 불법이지만 많은 국가에서 덜 제한적인 정책을 가지고 있다. 미국의 줄기세포 및 복제 연구에 대한 제한으로 인해 이 분야의 최고 과학자들이 복제가 합법적인 국가로 이동할 수 있는 "탈출구"가 만들어 질 것이라는 우려가 계속되고 있다. 하지만 지금까지 생명공학 산업이 어려움을 겪고 있다는 증거는 거의 없다. 많은 민간 기업이 민간 자금을 사용하여 줄기세포 연구에서 주도권을 행사하고 있으며 일부 회사는 줄기세포 연구를 가장 지지하는 주와 국가로 연구 활동을 옮기고 있다.

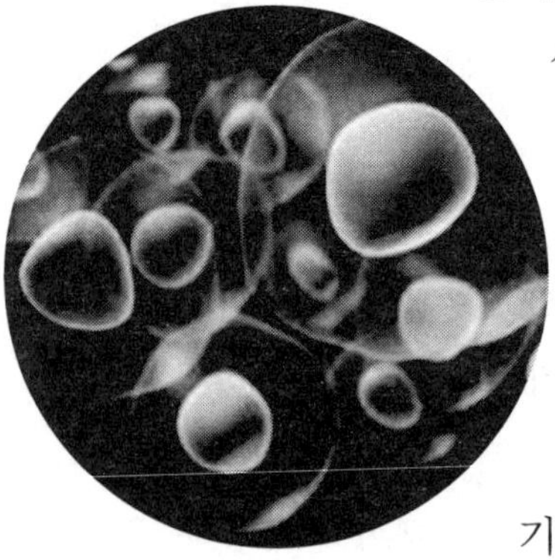

8-19. DTC : 소비자 직접 의뢰 유전자 분석

지난 10년 동안 소비자 직접 의뢰(Direct-to-Consumer, DTC) 유전자 검사에서 극적인 발전이 이뤄졌다. 이 분야 업체는 미국에서만 2022년까지 5천억 원 이상으로 성장할 것으로 기대된다. 간단한 웹 검색으로 이러한 테스트를 제공하는 많은 기업들을 찾을 수 있다. 23andMe는 2백 만 명 이상의 고객을 보유한 이 분야에서 가장 유명하고 널리 알려진 회사 중 하나이다. 현재 이 검사를 이용할 수 있는 약 2천여개의 질병이 있다. 대부분의 DTC 검사는 면봉에 타액 샘플, 모발 샘플 또는 구강 샘플을 묻혀 이를 회사에 보내면서 시작된다. DTC 회사는 다양한 가격 옵션을 위해 ASO 테스트와 같은 SNP 기반 테스트를 사용해 다양한 돌연변이를 선별한다. 예를 들어 2007년 미리아드 제네틱스사는 *BRCA1*과 *BRCA2* 유전자에 대한 주요 DTC 마케팅을 시작했다. 이 유전자의 돌연변이는 유방함과 난소암 발병 위험을 높인다. DTC 테스트 회사는 개인에서 질병이 발생할 확률 그리고 절대 위험성 등을 수치로 알려준다. 하지만 그러한 위험 결과를 계산하는 방법은 매우 다양하며 특정한 가정이 적용된다.

이러한 테스트는 여러 가지 이유로 논쟁의 여기가 많다. 예를 들면 테스트는 개별 소비자가 온라인으로 구매하며 테스트를 관리하거나 결과를 해석하기 위해 의사나 간호사 또는 유전자 상담사와 같은 다른 건강관리 전문가의 개입이 필요치 않다. DTC 산업은 현재 대부분 자체로 규제되기 때문에 이러한 제품의 품질, 효과 및 정확성에 대한 의문이 있다. 하지만 미국 식품의약국은 DTC 유전자 검사를 규제하지 않는다.

FDA가 향후 DTC 유전자 검사를 감독할 것인지는 확실하지 않다. 가까운 미래에도 FDA는 DTC 유전자 검사를 규제하거나 감독하기 위한 결정적인 계획을 밝히지 않을 것으로 보인다. 하지만 23andMe와 같은 일부 DTC 유전자 검사 회사는 건강관련 분석 또는 건강 보고서를 제공하기 때문에 FDA의 규정을 맞추고 있다. FDA는 DTC 서비스 회사에 지속적으로 경고를 하여 FDA가 건강관련 유전자 시험에 대한 적절한 정보를 이들 회사가 제공할 것을 요구하고 있다. 규제 문제에 대한 다양한 의견이 있다. 일부는 FDA가 DTC 테스트를 규제하지 말고 소비자 자신의 개인적 요구나 관심사에 따라 서비스를 자유롭게 구매하도록 해야 한다고 생각한다. 다른 사람들은 FDA가 소비자 보호를 위해 DTC를 규제해야 한다고 주장한다.

현재 환자가 이용할 수 있는 검사 범위와 상대적인 서비스 질에 대한 비교 및 평가를 할 수 있는 포괄적인 검사방법은 없다. 대부분의 회사는 질병을 진단하거나 예방하려고 하지 않으며 건강에 대한 조언도 제공하지 않는다. 이 테스트가 제공하는 정보의 목적은 무엇인가? DTC 회사의 웹 사이트 및 온라인 프로그램은 긍정적인 결과를 얻을 때 어떤 조언을 구해야 하는지에 대한 정보를 제공한다. 하지만 이것으로 충분할까? 결과를 이해하지 못하거나 부정적인 결과 혹은 정보의 보안에 문제가 생기면 어떻게 될까? 또한 여성이 *BRCA1* 및 *BRCA2* 돌연변이를 가진 여성이 음성이라고 해서 유방암이나 난소암에 걸리지 않는다는 의미는 아니다.

미국 국립보건원은 일반 대중, 환자, 건강관리 종사자, 유전자 상담사, 보험회사들은 다른 사람들의 검사 및 연구의 유용성에 관한 정보를 공개하고 공유함으로써 투명성을 높이기 위해 설계된 유전자 검사 레지스트리(Genetic Testing Resistry, GTR)을 만들었다. GTR은 개인 및 가족이 주요 자원에 접근하여 건강 및 유전자 검사에 대한 보다 정확한 결정을 내릴 수 있도록 하기 위한 것이다. 하지만 DTC 회사의 GTR 참여는 아직 필수 사항이 아니다. 따라서 유전자 검사에 관여하는 회사가 여기에 참여하는 것이 좋다고 생각하는가? 그리고 DTC 유전자 검사를 보다 신중하게 규제해야 하는 것일까? 여러분의 의견은 어떠한가?

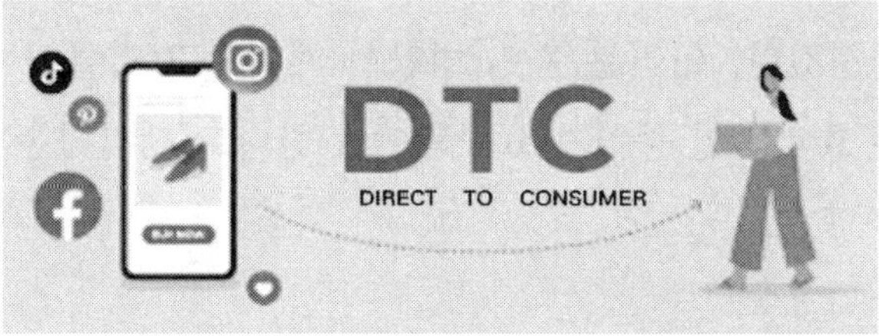

8-20. FDA는 동종 요법의 치료법을 규제해야 하는가?

동종 요법의 제품 제조업체들은 그들이 준비한 것들을 시장에 판매하기 전에 안전성 또는 유효성이 있음을 입증할 필요가 없다. Zicam과 같이 미국 전역의 약국에서 아세트아미노펜(Tyrenol)과 아스피린과 같은 처방전이 필요 없는 수백 가지의 동종 요법이 종종 팔리고 있다. 동종 요법 의학은 주요 과학에 의해 검증되지 않은 원리에 근거한다. 건강한 사람에게 일정한 증상을 일으키는 물질은 같은 증상을 일으키는 병을 치료하는 데 효과적이라는 것이다. 미국 국립보건원에 따르면 대부분의 동종 요법 연구는 "어떤 특정한 조건에 효과적인 치료법으로서 동종 요법을 뒷받침할 증거는 거의 없다"라고 결론지었다. 1938년 의회는 동종 요법 치료제를 일반 의약품과 동일한 법적 지위를 부여하는 법안을 통과시켰다. 여러분은 이 법안이 폐지되고 약물과 생물학의 경우 효과적인 증거가 요구되어야 한다고 생각하는가?

8-21. 옳은 것인가 아니면 틀린 것인가?

소규모 생명공학 벤처기업의 대표는 회사가 개발한 줄기세포 복제기술로 인해 더 큰 생명공학회사와 수백억 원의 합병을 논의 중에 있다. 하지만 이 기업 대표는 최근에 개발한 이 기술의 중대한 문제점을 알고 있다. 이 회사 대표는 합병에 악영향을 미치는 위험과 문제점을 밝혀야 하는가? 아니면 이런 문제를 언급하지 않고 합병을 진행시켜야 하는가? 여러분이 공리주의적 또는 객관주의적 입장이라면 어떤 결정을 할 것인가?

8-22. 유전자 변형 밀을 신속히 허가해야 하는가?

글루텐을 가장 많이 함유한 것이 밀이다. 글루텐 단백질은 빵을 발효시킬 때 공기를 잡고 있어 빵이 쫄깃하고 씹는 맛을 나게 해 준다. 불행하게도 글루텐은 배탈을 자주 겪는 소수의 사람과 글루텐 알러지가 있는 많은 사람들에게 독으로써 작용한다. 보리나 호밀도 글루텐을 포함하는 곡물이자만 밀 만큼 우리가 먹지는 않는다. 글루텐 유전자를 제거하려는 시도가 있었지만 여러 염색체에 관련 유전자가 위치하고 대부분의 밀이 6배체라는 사실 때문에 쉽기자 않다. 스페인의 지속가능농업연구소에서는 밀에서 글리아딘이 글로테닌과 결합해 글루텐을 만들기 전에 간섭 RNA 기술을 이용해 모든 글리아딘 모든 유전자를 작동하지 못하게 하는 기술을 개발했다. 이런 밀로 만들어진 빵은 현재의 밀가루로 만든 빵의 질감과 맛을 그대로 유지하고 있었다. 현재 글루텐에 민감한 사람들에게 괜찮은 지 임상시험을 하고 있는 중이다.

이와 같이 글리아딘이 적은 밀의 상업화를 위해서는 분리된 제분기나 중간 도매상이 있어야 하기 때문에 북미의 투자자들은 상업화하려는 기업에게 투자할 필요가 있다. 글루텐이 없는 유전자 변형 밀이 다들 GM 작물보다 승인을 더 빨리 받아야 한다고 보는가?

09
생명공학 제품과 기술 속에 숨겨진 이야기

9-1. 영양실조가 비만을 일으킬 수도 있다

식단에 칼로리가 부족하거나 필수영양소가 하나 이상 부족하게 되면 어떻게 될까? 그 결과는 부적절하거나 불충분한 식습관으로 인한 건강상의 문제인 영양실조(malnutrition)이다. 영양실조는 음식의 섭취가 부적절하거나 대사 또는 소화기질환과 같은 질병으로 인해 발생할 수 있다.

전 세계적으로 8억 명 이상이 기아를 극복해야 한다. 5세 미만 14,000명 어린이가 매일 굶어 죽는다. 영양부족, 즉 열량섭취 부족은 가뭄이나 전쟁과 같은 위기 상황에 식량 공급이 중단되어 가난으로 사람들이 충분한 식량을 섭취하지 못하게 되면서 발생할 수 있다.

영양실조의 가장 일반적인 유형은 하나 이상의 필수 아미노산이 충분하게 섭취하지 못해서 나타나는 단백질결핍증이다. 동물성 식품은 필수아미노산을 얻을 수 있는 신뢰할 만한 음식이지만 이런 식품은 일반적으로 가격이 비싸다. 따라서 경제적인 이유 때문에 쌀이나 감자와 같은 주요 작물로부터 거의 모든 칼로리를 얻어야 하는 사람들은 아미노산 부족을 겪게 된다. 대부분의 단백질결핍증 환자는 아이들이며 이들이 생존하더라도 신체적으로나 정신적으로 발육이 어려울 수 있다. 단백질결핍증은 가나어로 거부된 것이라는 의미인 '콰시오르코르(kwashiorkor, 단백질열량부족)'라 불린다. 이 증후군을 앓고 있는 아이가 모유에서 젖을 떼어 내고 탄수화물이 많은 음식을 먹게 되면 이 질병이 나타나기 시작한다. 때로는 영양부족을 스스로 초래하기도 한다. 수백만 명의 미국인이 신경성 식욕부진으로 고통을 받고 있다. 신경성 식욕부진은 실제로 저체중일지라도 체중 증가의 두려움 때문에 절식으로 이어지는 일종의 섭식장애이다. 식욕이상항진증은 구토를 유도하고 완화제를 남용하거나 과도한 운동을 하고 난 후, 이어지는 폭식의 행동특성을 가진다. 두 질환 모두 체중에 대한 집착이라는 특징을 갖는데 심각한 건강 이상 심지어는 사망까지도 초래할 수 있다.

항상 영양실조가 빈곤이나 장애와 관련이 있는 것은 아니다. 영양가가 거의 없는 정크푸드의 꾸준한 섭취에 의해서도 영양실조에 걸릴 수 있다. 영양소가 부족한 고열량의 정크푸드 만을 먹다보면 영양결핍이 될 수 있기 때문이다. 따라서 영양실조에 걸린 사람이 비만일 수도 있다는 말이 나오는 이유가 여기에 있다.

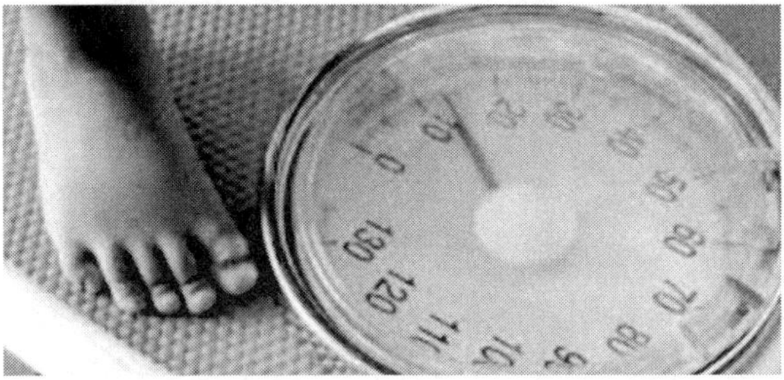

9-2. AIDS 바이러스의 특이한 생활태도

우리들 대부분은 바이러스를 무서워하거나 두려워한다. 아마도 그 이유는 전염성이 매우 크고, 혹시나 감염이 되면 죽음에까지 이를 수 있다는 교육의 효과 때문일 것이다. 하지만, 지구상에 존재하는 수많은 바이러스 모두가 인간을 감염시키지는 않는다. 이것은 바이러스가 가진 숙주 특이성 때문에 그렇다. 바이러스는 혼자서는 절대 살지 못하고 반드시 숙주가 있어야 한다. 바로 이 숙주 속에서만 바이러스가 자기 새끼를 만들 수 있다. 또한 바이러스는 자기가 살 곳을 아무렇게나 정하지 않고 특정한 생물을 지정해 그 생물만 감염시켜 서식처로 사용한다. 따라서 돼지 바이러스가 있고, 소 바이러스가 있는 것이다. 일예로 구제역 바이러스는 소과의 동물만을 특이적으로 감염시킨다. 그렇기 때문에 구제역 바이러스는 사람에게는 아무런 증상이 나타나지 않는 것이다. 다만, 우리가 주의할 점은 계절적, 유행적, 지역적으로 빈번히 발생하는 바이러스에 대한 인식이며, 특히 개인소득의 증가로 빈번한 해외여행 중에 새로운 바이러스와 접할 확률이 더 높아 진다는 것을 유의해야 한다.

한편, 모든 바이러스는 자신의 유전물질로서 사람과 같은 DNA를 가진 것이 일반적으로 많은 편인데, 한편에서는 그 유전물질이 RNA인 바이러스도 상당수가 존재한다. 우리가 AIDS(Acquired Immuno Difficiency Syndrome) 바이러스라고 알고 있는(사실 AIDS는 바이러스 감염에 의해 나타나는 증상(증후군)을 말하는 것이다) HIV(Human Immuno Difficiency Virus)도 자신의 유전물질로써 RNA를 가진다. 그런데 이 바이러스는 대단히 특이해서 숙주를 감염시킨 후에 여타의 바이러스처럼 증상 또는 질병을 바로 유발하지 않고, 영화 '에이리언'에서 나오는 외계생명체가 사람 신체 내에서 잠복하다가 어느 정도 시간이 지나면 숙주인 사람을 죽이는 그런 현상과 유사하게 이 HIV도 사람을 감염시킨 후에 자신의 RNA를 DNA로 전환시킨 다음 사람의 DNA에 몰래 끼어 들어가(이렇게 바이러스가 숙주 DNA에 속에 끼어 들어가 있는 것을 '프로바이러스(provirus)'라고 한다) 있다가 약 10여 년 간 잠복한 다음에야 비로소 숙주인 사람에게 치명적인 질병(AIDS)를 발현시킨다.

AIDS 바이러스가 무서운 이유는 아마도 숙주세포를 죽인다는 것이 아니라 그 숙주세포가 우리 면역계에서 매우 중요한 역할을 담당하는 T세포라는 것에 있다. T세포는 한마디로 말해 우리 몸의 파수꾼이다. 즉, 우리 몸에 외부 침입자가 들어 왔는지, 또는 들어오지 않았는지 그 여부를 확인하는 아주 중요한 임무를 지닌 일종의 면역세포이다. 그런데 만일 이 세포가 죽거나 없으면 쉽게 말해 우리 몸의 방어망이 없어지는 셈이 되는 것이다. 이러한 상태가 되는 환경에서는 그 흔한 감기, 무좀을 일으키는 미생물도 우리 몸에 치명적일 수가 있다.

말 그대로 '후천적면역결핍증후군'이라는 단어에서 엿 볼 수 있듯이 AIDS는 후천적으로 우리가 얻은 면역 체계 또는 시스템이 HIV라고 하는 우리의 면역시스템을 파괴하는 바이러스에 의해 발생하는 것이다. 이 바이러스의 물리적, 형태적 특징이 무서운 것 보다는 이 바이러스의 숙주이자 공격 대상이 되는 세포가 우리의 후천적 면역의 가장 일선에서 파수꾼, 방어망 역할을 하는 T세포이기 때문에 이 바이러스가 공포의 대상이 되는 것이다.

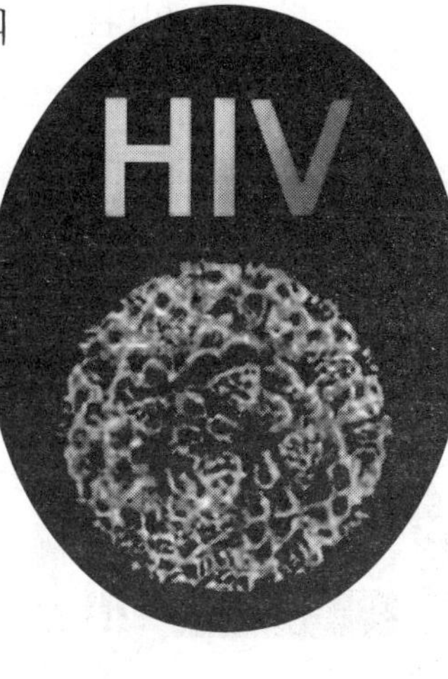

9-3. 담배를 피우지 않는데도 폐암이 걸린다?

평생 동안 '암(cancer)'이라고 불리는 질병에 대해 걱정하지 않고 살 수 있다고 가정해 보면 그것은 분명 행복한 인생의 중요한 요건 중에 하나임에는 틀림없을 것이다. 이처럼 암은 우리의 행복한 삶에 매우 밀접한 관계에 있다.

전 세계적으로 매년 1,000만 명 이상이 암 진단을 받고 있으며, 이런 추세가 지속된다면 우리가 상상하는 것 이상으로 많은 사람들이 어떤 종류든지 암에 걸리게 될 것이라는 것은 거의 자명해 보인다.

암의 원인은 무척 다양하다. 담배, 술, 자외선, 탄 음식 등 말이다. 기본적으로 암의 발생은 유전적인 요인들을 제외하고서라도 이들 식품들 또는 환경 유해인자들을 섭취하거나 접촉하면서 세포 안에 있는 유전물질인 DNA를 손상시키고 이것은 다시 세포에 문제를 일으켜서 세포의 자기 조절기능이 상실된 세포가 암 세포인 것이다. 문제는 이때부터다. 이렇게 만들어진 암 세포는 불멸성 즉, 죽지 않으며, 인접한 세포를 암세포로 만들고(암화시키고), 주변의 혈관과 림프관을 통해 이동해서(전이되고) 저 멀리에 있던 세포를 암세포로 만들어 버리기도 한다. 암세포의 전이를 통해 신체 이곳저곳에서 암세포가 발견된다면 이후부터는 암

치료가 매우 어렵게 되는 단계, 즉 3기, 4기라고 우리는 알고 있다.

그런데 앞서 설명한 것처럼 암을 일으키는 물질 중에서 담배는 1급 발암물질로 알려져 있는데도 불구하고, 담배를 피우지 않는 사람에서도 암이 발견되는데 만일 이 암이 폐암이라면 이것은 어찌된 일인가? 일례로 '비소세포성폐암'이라는 것이 있는데 이 암에 걸리는 환자들 중에서 약 20% 정도에서 담배를 피우지 않는 사람이라는 통계가 있다. 20%라면 적은 비율이 아닌데 담배와 폐암의 상관성에 의구점이 드는 것은 사실이다. "우리 할아버지는 어렸을 때부터 담배를 피우셨고, 또 지금도 많이 피시는데 건강하시다."라는 비슷한 경우를 많이 접했을 것이다.

이처럼 최근에 비흡연자에서 폐암 발병이 증가하고 있다. 그리고 그 이유가 지금 보고되고 있는데 우선적으로 여성호르몬과 대기오염 이 두 가지가 유력한 원인으로 알려지고 있다. 여성호르몬인 에스트로겐은 월경기간이 길거나, 호르몬 주사를 통한 에스트로겐 보충요법을 실행한 여성이 폐암의 발생률이 높다는 것이다. 또 다른 폐암의 원인으로 추청되는 것은 대기오염이다. 요즘 말하는 미세먼지가 포함된다. 우리가 숨을 쉴 때마다 공기 중의 여러 가지 미세먼지를 포함해 많은 유해물질이 폐로 유입되는데 체내에서는 이들 물질을 제거하기 위한 여러 가지 생화학 반응이 일어난다. 이 과정에서 '활성 산소'라는 것이 만들어진다. 그런데 이 활성 산소는 여러 가지 이물질을 제거하는 일에는 도움이 되지만 체내에서 대량으로 그리고 지속적으로 발생하게 되면 정상적인 세포에 물리화학적 손상을 입혀 그 결과, 폐 세포의 돌연변이 발생율을 높이게 되고 이런 돌연변이가 계속해서 축적되면 폐암으로까지 이어진다는 것이다.

이제 폐암을 예방하는 것 중 금연이외에 공기를 마시는 것에도 각별한 주의가 필요하다. 현재의 분위기라면 앞으로 언젠가는 폐암의 주 원인이 담배가 아닌 미세먼지 즉, 우리가 매일 숨 쉬는 공기가 될 수도 있다.

9-4. 암도 미리 예방 할 수 있다. 자궁경부암 백신 이야기

암은 일단 발병하게 되면 그 치료비가 이만 저만 많이 드는 것이 아니다. 최근자료에 의하면 한국에서 암에 걸리면 치료를 위해(물론 생존한다는 보장은 없지만) 연간 약 3천만 원이 필요하다. 이 중에서 수술비는 약 500여만 원 정도 되고 입원비와 간병비 그리고 요양비가 약 140만 원 정도가 들어간다고 한다. 암 치료 대부분에서 건강보험 급여가 지원되지 않는 항암제 치료비의 비중이 가장 높기 때문에 이 항암체 치료비 부분을 줄이는 방법 중에 하나가 바로 암 백신일 것이다.

1798년 영국인 의사인 에드워드 제너(Edward Jenner)에 의해서 세상에 처음으로 알려진 종두법(vaccination)은 이후에 백신(vaccine) 개발의 단초를 제공하였다. 백신을 한마디로 말하면 우리 몸을 공격하는 바이러스, 세균, 미생물(이들을 '항원'이라고 한다.)을 공격성이 없는 또는 극히 낮은 상태로 만들어 이를 우리 몸에 주사해 우리 몸이 이것을 이물(항원)로 인식하면서 면역시스템을 가동시키는 것이다. 물론 우리 몸에는 아무 문제를 끼치지 않고 말이다. 이때 가동된 면역시스템 중에 그 유명한 '항체'가 만들어지고 이것이 우리 몸에 들어오는 항원을 인식하여 이 항원이 우리 몸에서 병원성, 질병성을 가지기 전에 이를 제거하는 첨병으로서의 역할을 하여 우리 몸을 안전하게 보호한다. 그런데 이후에 다시 동일한 이물(항원)이 우리 몸에 다시 침입하면 과거에 이를 인식했던 기억을 가지고 있던 면역세포들이 예전과 동일하게 이 이물과 반응하여 이를 제거시킬 수 있는 항체를 생산하도록 면역시스템을 가동하여 이 이물을 제거함으로써 안전하게 우리 신체를 보호한다. 이처럼 백신은 우리 몸에 침입할 수 있는 병원체의 독성을 제거한 것으로 일반적으로 주사를 통해서 우리 몸을 면역시키게 된다. 다시 말해서 백신은 우리 몸에 앞으로 이런 병원성 항원이 언제 들어올지 모르니 미리 면역계에게 그 병원성 항원을 기억시켜 주는 일종의 예방약이라고 보면 좋을 것이다.

이런 백신이 특정 암을 예방하기 위해 개발되었다. 세계에서 처음으로 개발된 자궁경부암 백신인 '가다실(gardasil)'을 포함해 서바릭스(cervarix)' 등이 현재 시판되고 있다. 자궁경부암은 여성암으로 국내의 경우, 여성암 1, 2등을 놓치지 않는 우등생? 암이다. 하지만, 이런 여성들에게 가장 많이 발병되는 자궁경부암이 이제는 백신을 통해 예방이 가능해 진 것이다.

자궁경부암의 주 발병 원인은 HPV(human papilloma virus)라는 인간유두종 바이러스의 감염 때문이다. 따라서 자궁경부암 백신은 앞에서 설명했듯이 이 HPV의 독성을 제거한 것이라 생각하면 되겠다. 다만, 사람에 특이적으로 감염되는 HPV를 분석해 보았더니 그 종류가 약 190여 개 있다는 것을 알았고 또 그 중에서 자궁경부암을 주로 일으키는 것이 어떤 것인지를 알게 되면서 자궁경부암을 일으키는 주요 HPV들로 구성된 백신이 현재 자궁경부암 백신으로 사용되고 있다. 조금 자세히 설명하면 4종의 주요 HPV를 예방 하기 위해서는 4가 백신을, 9 종류의 주요 HPV에 대한 자궁경부암을 예방하기 위해서는 9가 백신을 접종하면 매우 높은 확률로 자궁경부암으로부터 안전할 수 있다.

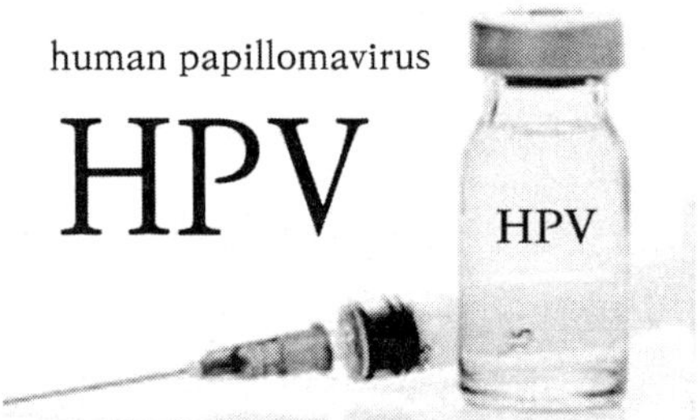

이제 여성들의 경우, 많은 암들 중에서 HPV에 감염되기 전에 이 자궁경부암 백신을 접종 받게 되면 잠배적인 자궁경부암의 발병으로부터 벗어 날 수가 있다.

9-5. 나만을 위한 약, 맞춤 약

우리는 두통, 치통 등을 느낄 때마다 진통제를 사서 먹는 것이 일반적일 것이다. 그런데 이런 경험이 있을 것이다. 약국에서 산 진통제들 중에서 나에게 잘 맞는 진통제가 있다는 것 말이다. 많은 진통제들 중에서 나한테 더 잘 듣는 진통제는 있는 이유를 어떻게 이해하면 좋을까? 바로 나만을 위한 약, 맞춤 약이라는 개념이 여기 있다.

맞춤 약, 즉 나만을 위한 약은 '사람은 모두 다르다'라고 하는 전제에서 시작한다. 사람들이 모두 다르다는 것을 유전자 측면에서 한번 생각해 보자. 일반적으로 일란성 쌍둥이를 제외하면 모든 사람들은 각각 자기가 가진 유전자 정보가 매우 조금씩 다르다. 일반적으로 사람 간에는 유전적으로 약 0.1% 정도의 차이가 있다고 알려져 있다. 결국 유전적으로 사람마다 다른 차이가 있기 때문에 처방도 그리고 치료도 달라야 한다는 관점이 바로 '맞춤 약' 개념의 핵심이다.

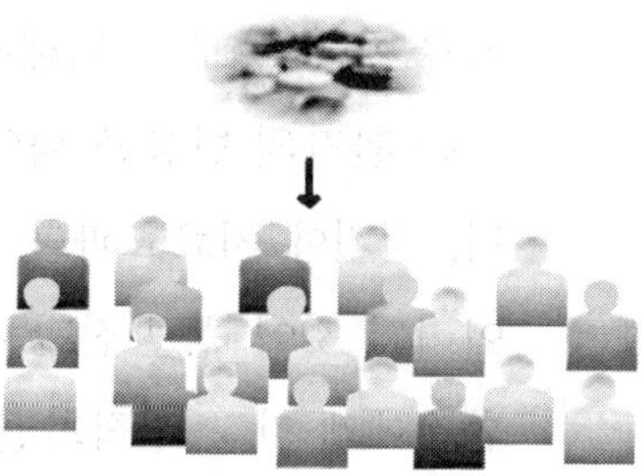

만일 내가 위암에 걸렸다고 가정해 보자. 그러면 해당 암에 대한 특정한 항암치료제가 처방될 것이다. 그런데 실제로 보면 그 항암치료제는 나 뿐만 아니라 많은 위암환자에게도 동일하게 처방

되고 있다. 맞춤약의 관점에서 볼 때, 그 항암제의 효과는 대부분의 환자에게서 크게 발휘되지 못할 확률이 높다. 하지만 일부 환자에게서 그 항암제는 매우 높은 항암효과가 나타날 수가 있는데 이것은 이 환자의 경우가 해당 항암제에 대한 맞춤 약 효과가 나타나기 때문이다. 자 그러면 특정 암환자에 맞는 특정 항암제를 우리는 생각할 수 있을 것이고, 이런 관련성을 연구하다 보면 시행착오 없이 한 번에 나에게 맞는 약을 처방받을 수 있으리라 생각하는 것은 아마도 당연한 논리가 될 것이다.

동반진단(companion diagnosis)이라는 용어가 요즘 자주 회자되고 있다. 이것은 값 비싼 약물의 처방 과정에서 치료 효과와 부작용을 확인하는 진단기술을 말하는 것이다. 과거에 환자에게 처방되는 약의 선택기준은 실패에 대한 경험이었다. 다시 말해 처방한 약이 잘 듣지 않으면 다른 약을 처방한다는 것이 약의 선택기준인 셈이었다. 하지만, 이런 경우 치료 효과를 보기 위해서는 약을 처방해야 하고 처방약의 효과는 환자의 반응을 봐야 한다는 경험 그 자체가 기준이다 보니, 적기에 치료효과를 얻기란 무척 어려운 것이었다. 하지만 이러던 것이 '동반진단'이라는 혁신적인 의료기술의 도입으로 환자에게 가장 최적화된 약을 처방할 수 있는 날이 얼마 남지 않았다.

비싸다고 좋은 약이 아니다. 환자에게 가장 적합한 약이 가장 좋은 약이다. 현재의 바이오의료 기술은 환자의 유전적 특성에 기반한 맞춤 약을 개발하고자 하는 다양한 시도들이 진행되고 있다. 아마도 앞으로 10년 후엔 나만을 위한 약 처방을 경험할 지도 모른다. 약국에서 그리고 병원 또는 집에서 말이다.

9-6. 주름치료제인 보톡스가 지구 최강의 독소?

미국의 벤처기업 중에 '앨러간(Allergan)'이라는 기업이 있다. 이 회사의 주요 품목은 대한민국 사람이라면 누구나 다 아는 보톡스(botox)이다. 이 보톡스는 근육을 마비시키는 효과가 있어 예로부터 의료용 치료제로 많이 사용해 왔다. 그건데 언젠가 부터 주름을 펴 주는 효과가 알려지면서 부터 미용 치료제로 각광을 받기 시작하고 있다.

보톡스는 체내에서 만들어지는 신경전달 물질을 차단해 근육을 선택적으로 마비시켜 일정 기간 동안 완화시키는 효과에 도움을 준다. 주로 이마, 눈가, 승모근, 종아리, 사각턱 등 근육이 과도하게 발달된 부분이나 잦은 움직임에 의해 생긴 잔주름 등을 개선하는데 사용되는 몇 안 되는 효과성이 인정된 의약품이다. 이 보톡스가 미생물로부터 만들어 진다는 것은 의외일 것이다. 사실 보톡스는 클로스트리디움 보툴리눔(*Clostridium botulinum*)이라고 하는 미생물이 만드는 독(소)이다. 이 미생물은 주로 식품 캔 등에서 발견되는 등 산소가 있는 환경을 무척이나 싫어하는 혐기성 세균의 일종이다.

앞서 말한 것처럼 보톡스는 독소이다. 그런데 독소 중에서 가장 맹독성을 가진 독소라는 것에 그리고 이것을 사람들이 주름을 펴는 미용 치료에 사용한다는 것에 한 번 더 놀랍지 않을 수가 없다. 보톡스는 현재까지 사람이 개발한 아니 자연의 모든 독소 중에서 가장 독성이 강한 물질이다. 실험동물의 50%를 죽일 수 있는 치사량을 '반수치사량'이라고 용어를 사용하는데 이 독소를 흡입할 경우의 반수치사량은 10~13ng/kg이며, 주사할 경우의 반수치사량은 1.3 ~2.1ng/kg이다. 이 수치는 쉽게 말해 성인 한 사람의 체중을 70Kg이라고 할 때 약 10ng의 보톡스 만으로도 사람을 죽일 수 있다는 것이다. 보다 더 쉬운 이해를 위해 보톡스의 독성을 다른 독소와 비교해 보면 청산가리의 반수치사량은 0.15g/kg이며, 복어독인 '테트로도톡신(tetrodotoxin)'은 300~500ng/kg 정도인 점을 감안할 때 보톡스는 아마도 지구 최강의 독소라고 할 수 있겠다. 산술적으로 약 500g의 보톡스만 있으면 인류 전체를 독살할 수 있다는 계산까지 나온다. 이처럼 최강의 독소인 보톡스는 원액 그대로를 미용 치료에 이용할 수는 없기 때문에 희석이라고 하는 방법을 통해 인체에 해가 없을 정도의 아주 약한 농도로 만들어 사용하게 되는 것이다.

전 세계 보톡스 매출 1위 기업은 앨러간이라는 기업이다. 이 회사가 최근에 자가면역치료제의 일종인 '휴미라(humira)'라는 바이오의약품으로 연간 약 20조 원의 매출을 내는 '애브비(AbbVie)'라는 회사에 의해 약 60조 원으로 인수합경되었다. 이제 에브비는 기본적으로 매년 약 7조 원 이상의 보톡스 매출을 가져 갈 것으로 예상된다.

소득 수준이 높아지면서 그리고 지식 수준도 높아지면서 많은 사람들의 관심이 외모로 향하는 것은 어찌 보면 너무나 당연한 것이 아닌가? 그래서 애브비는 60조 원이라는 엄청난 돈을 들여 시장규모가 매년 증가일로에 있는 보톡스 시장을 노린 것 같다. 사실 에브비는 자신의 주 매출인 휴미라의 특허가 만료되면서 우리나라의 삼성과 셀트리온 등이 제품화한 휴미라의 바이오시밀러에 의해 매출이 급감할 것을 예상해 이를 만회하려는 전략으로 다른 수익원을 찾던 중에 그 타겟으로 보톡스 1위 기업인 앨러간이 사정권에 들어와 인수합병을 했다는 설?이 있다.

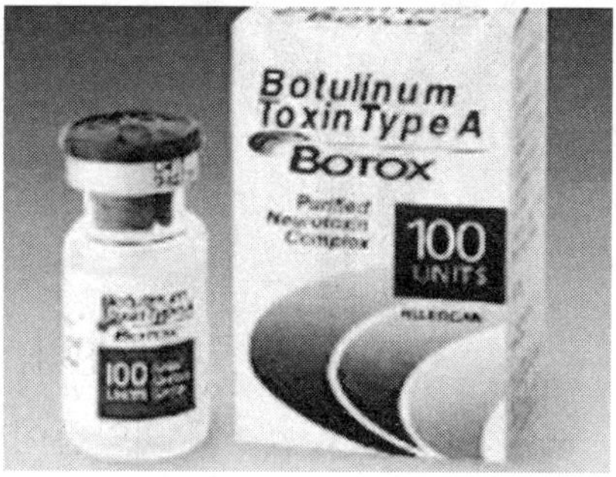

9-7. 바이오시밀러, 비슷하지만 다른 바이오의약품

현대를 사는 우리들에게 약은 필수가 된 지 오래인 듯 싶다. 간단한 감기에서부터 암과 같은 난치병에 이르기까지 약은 수명이 급격히 늘어가는 우리 시대 최고의 제품이지 않을까? 그런데 지금 약 개발 트랜드가 심상치 않다. 일반적인 화학적으로 합성된 그리고 대량생산이 가능한 화학합성의약품 개발에서 단백질을 기반으로 하는 바이오의약품으로 그 인기가 쏠리고 있기 때문이다.

단백질기반의 의약품을 바이오의약품이라고 하는데 거의 대부분이 항체의약품이 차지한다. 화학합성의약품이 문제가 되는 우리 몸의 특정 부분에서 통증 등을 억제시키는 기능이 주요 효능이라면 항체의약품으로 대별되는 단백질의약품은 우리 몸에서 통증을 유발하는 물질들을 붙잡아 면역세포가 이 물질의 용이하게 제거할 수 있도록 지원해 주는 효능을 가진다. 그래서 단백질의약품을 생체 친화형 의약품이다.

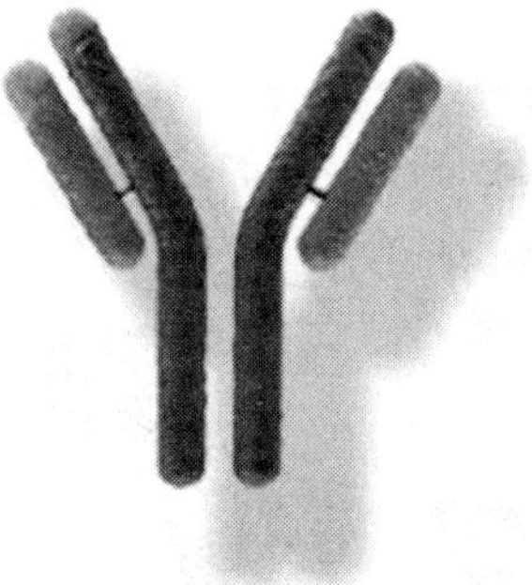

화학합성의약품은 대량생산의 장점과 가격이 상대적으로 낮다는 점에서 경쟁력을 갖지만, 잠재적 독성이 있다는 관점에서 볼 때 지속적 사용엔 항상 문제점을 노출하고 있다. 일례로 우리들에게 많이 친숙한 진통제인 아스피린도 화학합성의약품인데 궤양, 위장출혈 등의 부작용을 유발하기도 한다. 하지만 바이오의약품의 장점은 독성이 적다는 데에 있다. 일례로 인슐린이나 성장호르몬과 같은 바이오의약품은 혈당을 낮추는데 그리고 성장을 일으키는 데에 치료효과가 높은 반

면 부작용은 어떤 의약품보다 더 낮다. 따라서 바이오의약품은 암과 같은 난치성 질환이나 희귀질환 그리고 만성질환 등에 효과적인 의약품으로 인식된다.

바이오의약품이 현재 의약품개발에 있어 트랜드라는 것을 판매액으로 비교해 보면 알 수 있다. 우선, 전 세계 의약품 중 가장 많이 판매되는 것이 애브비사의 '휴미라'라는 약이다. 이 약은 2018년 기준으로 약 20조 원이 판매되었다. 그리고 전 세계 판매액 10위 내에 8개가 바이오의약품이다. 바야흐로 제약회사들은 바이오의약품을 개발하지 않을 수가 없는 형국이다.

하지만 바이오의약품도 특허로 보호를 받기 때문에 그 존속기간 내에서만 독점배타적 판매를 할 수 있다는 태생적 한계를 가진다. 역으로 말하면 시장에서 돈이 되는 의약품의 특허가 만료될 때를 기다리면서 사업을 준비 중인 기업도 많다는 것이다. 그런 기업 중에 한국의 셀트리온과 삼성바이오에피스가 있다. 이 두 기업은 기존의 바이오의약품의 특허가 끝나기를 기다려 해당하는 바이오의약품과 동일한 기능을 가진 의약품인 '바이오시밀러(biosimiliar)'를 대량생산을 통해 가격경쟁력을 갖춰 기존의 바이오의약품(오리지널 의약품) 시장을 침투하는 사업전략을 가지고 있다.

바이오시밀러는 화합합성의약품을 똑같이 만든 합성의약품인 제네릭(generic)과 달리 그 성분이 단백질이며 이들이 화학반응에서 만들어지는 것이 아니라 살아 있는 세포(미생물, 동물세포 등)에서 만들어지기 때문에 원래의 바이오의약품과 동일(똑같은)하지 않다는 특성 때문에 '바이오시밀러'라는 용어를 사용한다. 이런 이유로 화합합성의약품의 복제약인 '제네릭'은 별도의 임상시험을 하지 않는 반면에 동일한 약물 특성은 갖더라도 원래의 바이오의약품과 100% 같지 않다는 특성으로 인해 바이오시밀러는 제네릭과는 달리 별도의 임상시험을 필요로 한다.

9-8. 비만 그리고 비만 유전자?

비만인 사람은 비만도가 증가하면서 건강과 수명에 미치는 악영향도 커지게 된다. 우리나라는 매년 10만 명 이상이 체중과 관련된 질병으로 사망한다. 현재 미국의 아이들은 이전의 조상들보다 신체적 활동이 적기 때문에 그들의 부모에 비해 단명 하는 미국 역사상 최초의 세대가 될 수도 있다고까지 한다. 이런 문제와 관련된 조기 사망을 좌식생활 사망증후군(sedentary death syndrome, SDS)이라고 부른다.

'비만'이란 사람들이 하루에 필요로 하는 칼로리 즉, 일일 요구량보다 많은 음식을 지속해서 섭취하면서 발병되는 질병이다. 잠깐 생각해보면 비만은 간단히 해결할 수 있을 것 같다. 즉 체중을 줄이기 위해서는 단지 덜 먹거나, 운동을 더 하거나 아니면 이 두 가지를 함께 실천만 하면 그뿐인 것이다.

미국인들은 평균적으로 매년 1kg씩 체중이 증가한다고 하는데 이것은 매일 50칼로리가 신체에 저장되는 것과 같은 의미다. 우리 몸은 섭취한 칼로리의 절반을 저장할 수 있는데 연간 1kg의 체중 증가를 막기 위해서는 매일 100칼로리씩 적게 먹여야한다는 계산이 나온다.

비만인 사람은 필요한 에너지량과 먹는 음식량이 불균형을 보인다. 이런 칼로리 불균형에는 매우 복잡하고 다양한 원인이 있다. 때마다 유행하는 문화와 비만 간에는 깊은 연관성이 존재한다. 예를 들면 비만지수는 세월이 갈수록 점점 더 커지는데 이것은 대부분의 비만사례가 타고난 생물학적 요인에 의한 것이 아닌 생활양식의 변화에서 기인하고 있다는 것을 명확히 보여 주는 것이다. 더욱이 비만지수가 낮은 나라에서 온 이민자들이 미국문화에 통합되면서 비만지수가 현격히 증가한다는 연구는 비만이 생활양식과 매우 밀접하다는 것을 말해 주는 단적이 사례다.

체중을 조절하는 유전학적, 생화학적인 기본 원리를 규명하는 연구에 커다른 진전이 있었다. 아직 완전히 밝혀지지는 않았지만 음식섭취 조절과 체중조절 능력이 일부 유전자들의 기능과 그 단백질들의 상호작용을 통해 조절되고 있음이 밝혀진 것이다. 이것은 복잡한 상호작용에 의한 것으로 보여 지는데 체중 조절 원리를 이해하기까지는 비만 문제를 간단히 해결하기는 어려울 것으로 보인다.

비만과 관련된 조절 물질은 '위장'와 '시상하부'라고 불리는 뇌의 특정부위에 있는 신경세포 사이의 정보 흐름을 조절하는 정보전달자의 역할을 한다. 이 정보의 흐름은 식욕을 조절되며 신경세포에 가해지는 자극에 따라 식욕이 조절된다. 현재까지 비만과 아주 밀접하게 연관된 유전자로는 뉴로펩타이드 Y(Neuropeptide Y, NPT), 멜라닌 세포 자극호르몬(α-MSH), 멜라닌 농축호르몬(MCH), 렙틴(Leptin) 그리고 그렐린(ghrein)이 주목되고 있다.

렙틴은 ob 유전자에서 유래되는 호르몬이다. 백색 지방조직이 생성하는 호르몬이기도 하다. 이 호르몬은 뇌의 신경세포에 작용하여 음식섭취를 조절한다. 렙틴이 없으면 비만도가 증가한다. 사람의 체중이 증가하면서 늘어난 지방세포가 렙틴의 생산을 증가시킨다. 동물에서는 렙틴이 증가하면 뇌에 신호를 보내 식욕이 억제된다. 하지만 사람에서는 그렇지 않은 것으로 나타났다. 많은 비만 환자들에서 렙틴이 고농도로 존재하는 데에도 식욕이 억제되지 않기 때문이다. 그래서 비만이 다양한 유전자의 상호작용에서 나타난다고 말하는 것이다. 그렐린은 식욕을 증가시키는 호르몬이다. 그렐린 수용체는 렙틴 수용체가 위치한 시상하부의 뇌세포에서 만들어진다. 그래서 렙틴이나 그렐린은 포만감과 식욕 신호를 받는다. 렙틴과 그렐린은 다른 호르몬들을 따라서 복잡한 에너지 항상성 과정에 참여한다. 그렐린은 위에서 분비되는 성장관련 펩타이드 호르몬이다. 즉, 크기가 작은 호르몬이다. 뉴로펩타이드 Y는 식욕을 증진시키는 작은 단백질이다. 그래서 이름에 펩타이드가 붙여진다. 렙틴의 식욕억제 효과는 렙틴이 이 뉴로펩타이드 Y를 억제하기 때문인 것으로 파악되고 있다. 멜라닌 세포 자극호르몬는 피부의 갈색 색소의 형성에 관련된 호르몬으로 뇌의 시상하부에 작용하여 식욕을 억제한다. 렙틴이 멜라닌 세포 자극호르몬의 생성을 자극시키면 생성된 멜라닌 세포 자극호르몬이 식욕을 억제하는 것으로 이해되고 있다. 멜라닌 농축호르몬은 또 다른 신경펩타이드의 하나이다. 뇌에서 만들어진 고 농도의 멜라닌 농축호르몬은 음식소비를 촉진하고, 저 농도에서는 음식소비를 줄인다. 일부 사람들은 음식의 냄새가 멜라닌 농축호르몬의 생산을 촉진하고 식욕을 증진시키는 것으로 생각하는데 실제로 멜라닌 농축호르몬 유전자는 비만한 사람들의 뇌에서 보다 활발하게 작동하고 있다.

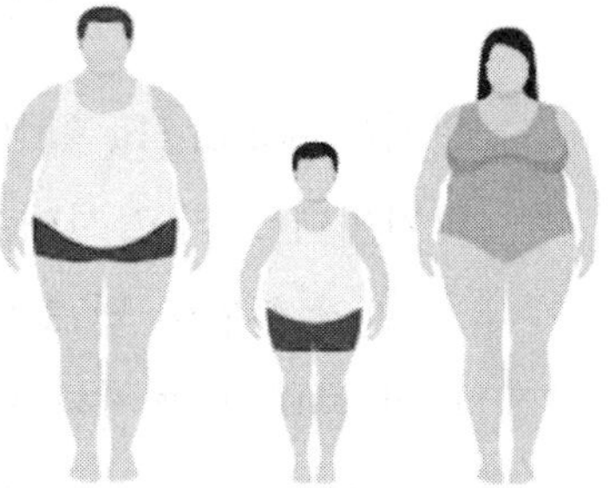

9-9. 혈압약의 기본 원리

사실, 혈압은 심장에서는 조절되는 것이 아니라, 콩팥 즉, 신장에서 조절된다. 심장은 콩팥에서 분비되는 호르몬인 레닌과 알도스테론이라고 하는 호르몬에서 의해서 조절된다.

심장은 그냥 이들의 명령에 의해서 그리고 의식적으로 조절되지 않는 뇌의 명령에 의해 심장근육(불수의근)을 수축하고 이완만을 하는 펌프인 것이다.

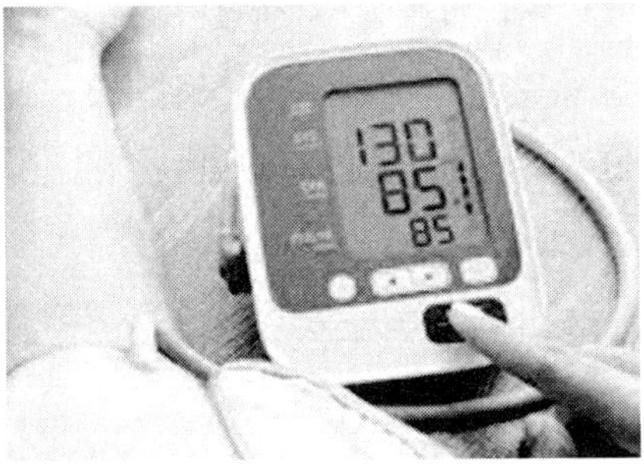

혈압은 심장의 박동으로 형성되는 것으로 혈관벽의 탄력성과 함께 혈액량에 의해서 조절된다. 혈액량이 많으면 혈관 벽에 가해지는 압력이 높아져 혈압이 올라가는 것이다. 일반적으로 수축기는 140mmHg, 이완기는 90mmHg 이상일 때, 고혈압이라고 하는데 그 기준은 국가마다 그리고 시대에 따라서 변한다.

만일 혈압이 낮으면 콩팥에서 분비되는 '레닌'이라는 호르몬의 분비가 촉진된다. 레닌은 혈액 내의 안지오텐시노겐을 활성화시켜 안지오텐신 I을 만들고 이것은 다시 안지오텐신 전환효소(ACE)에 의해 안지오텐신 II가 된다. 안지오텐신 II은 강한 혈관수축 작용을 가지고 있기에 혈압상승을 이끌며 동시에 신장의 부신에 작용해서 알도스테론의 분비를 촉진시켜 콩팥에서 Na^+(소금)의 재흡수를 촉진해 혈액 내 Na^+(소금)의 유입을 늘린다. 이렇게 되면 혈액 내 Na^+(소금) 농도가 높아져 주변 조직으로부터 물의 흡수(소위 삼투압이 높아진다고 말한다)가 촉진되어 혈압의 상승을 유도한다. 이처럼 알도스테론은 Na^+(소금)의 혈액 내 농도를 일정하게 유지시키는 항상성에 매우 중요하고 혈액량을 조절하여 혈압을 조절하는데 중요한 역할을 담당한다. 정리해서 말하면, Na^+(소금)은 혈액량과 혈압의 유지에 중요한 미네랄이라는 말이다.

현재 시판중인 대부분의 고혈압 치료제는 안지오텐신 I을 안지오텐신 II로 전환시켜 주는 안지오텐신 전환효소라는 효소의 억제제 등이다. 이 약을 복용하면 알도스테론이 콩팥의 부신에서 분비되어 혈액으로 Na^+이 유입되는 것을 방지하여 삼투에 의한 혈관으로의 물의 재흡수가 억제되어 혈압이 높아지는 것을 예방해 준다.

혈압의 조절은 Na^+(소금)의 항상성이 매우 중요해서 과도한 소금의 섭취는 고혈압을 유발한다. 우리가 좋아하는 음식 혹은 식품에는 대부분 과잉의 소금이 함유되어 있다. 김치찌개, 국, 고추장, 젓갈, 라면, 짜장면 등은 생각보다 많은 소금이 함유되어 있다. 이러한 짠 음식의 섭취는 혈액 내에 소금양을 높여 삼투현상에 의해 혈관 내로 물을 유입시켜 혈관의 압력을 높여 고혈압을 유발시킨다. 따라서 짜게 먹는 식습관을 줄이면 고혈압을 예방하는 데에 큰 도움이 된다(물론, 과식에 의한 비만도 중요하지만). 국물 음식을 먹을 때에는 건더기를 주로 먹고 되도록이면 국물을 줄여먹는 음식 섭취 습관은 우리의 심장과 혈관 그리고 협압을 관리하는데 매우 중요하다.

9-10. 아스피린이 만능약인 이유

원래 아스피린은 류마티스 관절염 등의 치료에 사용하던 것으로 1899년, 독일의 바이엘이라는 회사에서 진통, 해열, 소염 등의 복합기능성 약으로 개발된 화학합성의약품이다. 아스피린의 작용 기전을 규명한 과학자는 영국의 베인 박사로서 통증이나 염증을 일으키는 원인물질인 프로스타글란딘(Prostaglandin, PG로 약함)을 만드는 효소인 사이클로옥시지네이즈(Cyclooxygenase, COX)의 작용이 이 아스피린에 의해 억제 혹은 저해 되는 것을 밝혀 1982년 노벨생리의학상을 베리크스트룀, 사무엘슨 등과 공동 수상했다.

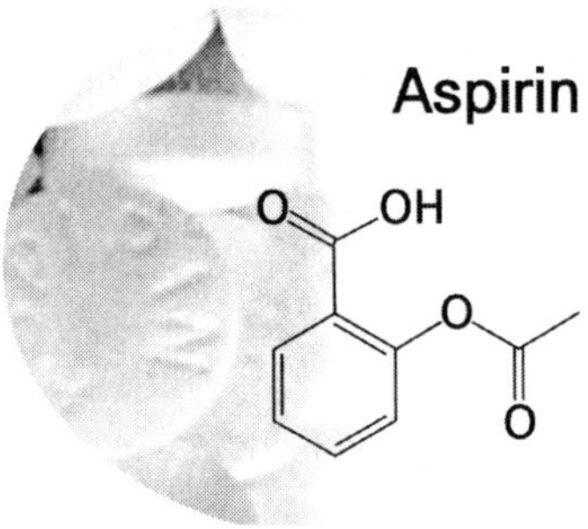

많은 신약들이 계속해서 개발되어 출시되는데 100년 이상을 계속해서 사용하는 것은 극히 보기 드믄 경우이다. 아스피린이 100년 이상 사용되고 지금도 계속해서 사용되는 이유 중의 하나는 우수한 해열과 진통효과 때문이다. 이는 이 약이 가진 높은 안전성이 담보되기에 가능하지 않나 생각된다. 또한, 1970년대 이후에 아스피린이 심장병(협심증, 심근경색)이나 뇌경색 등의 치료에도 효과가 있다는 보고가 나오면서 만능 약물로 인식되고 있다.

이런 발견은 역학조사를 통해서 이뤄졌다. 미국의 한 연구

그룹이 아스피린을 복용하고 있는 환자는 심근경색 등의 심장발작에 의한 사망률이 낮다는 것을 분석하면서 밝혀진 것이다. 심장의 관상동맥이나 뇌 안의 모세혈관이 혈전에 의해 막히게 되면 치명적인 심장마비나 뇌경색이 일어난다. 트롬복산 A_2 (Thromboxane A_2)라고 하는 물질이 혈소판의 응집을 일으키는데 아스피린은 이 트롬복산 A_2의 생성을 억제하고 이는 다시 혈소판 응집을 억제해 심근경색이나 뇌경색의 예방과 치료에 이용되고 있다. 물론 진통제로 사용되는 아스피린의 양을 0.2 ~ 0.3배 정도로 낮춰도 효과가 나타나 장기 복용에 대한 안전성도 높다고 보고되고 있다.

한편, 아스피린의 복용은 대장암에 대한 사망위험을 현저히 줄여 준다는 보고도 있다. 대장암 세포에 있는 COX라는 효소 단백질이 정상세포에 비해 많이 발현되는데 이것이 대장암이 발병하거나 대장암 세포의 과대 증식과 관련되어 있다는 것이다. 이때 아스피린이 앞서서 설명한 것처럼 COX 효소의 기능을 억제하기 때문에 대장암 발병을 억제한다고 여겨진다.

또한, 노인성 치매인 알츠하이머 환자의 뇌에서도 COX가 증가한다는 것이 알려지고 있다. 이 역시 아스피린 사용자에서 알츠하이머의 발병이 낮다는 연구결과가 보고되고 있어 앞으로 아스프린 사용자와 알츠하이머 발명과의 역학조사가 이뤄지면 다시 한 번 아스피린의 만능 약이라는 명성은 계속될 것으로 보인다.

9-11. 약물은 어떻게 분해되는가?

모든 의약품은 체내에서 이물질이기 때문에 불활성화 되거나 혹은 생체 밖으로 신속한 배설이 일어난다. 약물의 분해대사에 관여하는 효소는 크게 두 가지로 분류해 볼 수 있다. 이 중에서 이물질의 대사는 주로 간세포에서 자세하게는 세포 내에 존재하는 시토크롬 P-450(CYP) 효소군이 담당한다. CYP는 비교적 기질 특이성이 낮기 때문에 여러 가지 약물의 분해대사에 복수의 CYP가 관여하고 있다. CYP는 한 개의 산소분자가 첨가되는 반응을 촉매하는 효소로서 전자전달계가 참여해 산소 분자를 환원시키는 과정에서 한 개의 물을 생성함과 동시에 약물을 산화시키는 반응에 관여한다.

$$D + NADPH_2 + O_2 \rightarrow DO + NADP + H_2O \text{ (D: 약물)}$$

위의 반응을 촉매하는 CYP는 자체에 헴철(heme iron)을 가진 헴단백질(heme protien)이다. 인간의 CYP는 50여 종류가 있는 것으로 알려진다. 사람의 CYP에는 유전적 다형이 존재해 CYP 효소 활성이 낮은, 다시 말해 분해대사의 능력이 낮은 사람은 약물의 효과가 강하게 나타나며 부작용도 역시 강하게 나타난다. 반대로 대사가 빠르게 나타나는 사람은 약물에 대한 작용, 즉 효과가 대단히 미약하다.

두 번째 분류는 포합화 반응에 관여하는 효소가 약물의 분해대사에 참여한다. 포합화 반응은 물에 용해되기 쉽게 약물을 변화시켜 배설을 용이하게 해 주는 과정에 관련되 효소를 말한다. 체내의 이물인 약물이나 의약품의 대사물질(주로 CYP에 의해 대사과정에서 생성된 물질)이 포합화 반응(글리신(glycine) 함유물질, 글루쿠론산(glucuronic acid) 함유 물질, 글루타티온(glutathione) 함유 물질, 황(sulfuric acid) 함유 물질 등)에 의해 수용성이 높아져 약물의 배설을 쉽게 해 준다.

입을 통해 투여되는, 즉 경구 투여를 해도 순환하는 혈액에서 감지되지 못할 정도로 약물대사를 강하게 받는 의약품은 경구 투여에 의한 복용으로 약물효과를 기대하기 어렵다. 이런 현상을 '초회 통과 효과'라고 하는데 투여 부위를 변경해서 투여가 가능하게 약물의 형태인 제형의 고안은 그 만큼 중요하다. 초회 통과 효과를 강하게 받는 것으로 알려져 경구 투여 되지 않는 대표적인 약물로 협심증 치료제로 사용되는 니트로글리세린(nitroglycerin)은 설하정(sublingualtablet, 혀를 통해 흡수되는 제형) 형태로 제형화 되었다.

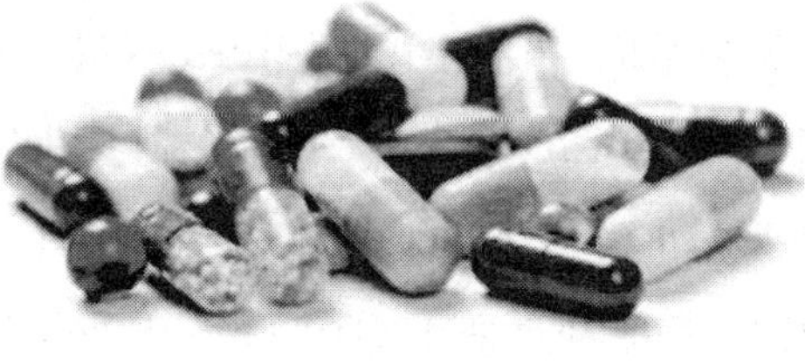

9-12. 삶의 질을 개선시키는 약 이야기

약물은 작게는 질병의 치료에서, 크게는 생명을 구하는 것을 최대의 목적으로 해서 개발된다. 현재에도 그 목적에는 변함이 없다. 하지만 약물의 연구개발 그리고 연구기획에 새로운 변화가 나타나고 있다.

발모촉진제, 성기능장애 개선제, 금연보조제 등은 '삶의 질' 향상을 목적으로 하는 약물이다. 이들 약품들은 미국에서 '라이프 스타일 드럭(lifestyle drug)'이라고 불리며, 일본에서는 '생활개선제'로 불리며 사용되고 있다.

삶의 질 개선제의 단초가 된 약물은 처음부터 그 목적으로 개발되지는 않았다. 미국의 업존(Upjohn)사가 개발한 고혈압 치료제로써 약물개발을 진행했던 미녹시딜(minoxidil)은 투약된 환자들 중에서 어께, 다리, 등, 관자놀이 등에서 털이 나기 시작하는 부작용이 관찰되었다. 이 회사는 여기서 아이디어를 얻어 두피에 적용하는 외용제로 약물의 개발방향을 바꿨고, 결국 미녹시딜은 발모촉진제의 대명사가 되었다. 미녹시딜은 일본에서도 '리업(RiUP)'이라고 하는 상품으로 선정적인 인기를 구가하고 있다. 발모촉진제는 단지 발모를 촉진하는 지금까지의 양모제나 육모제와는 기본적으로 다르다. 즉 모발이 빠진 후에 새로운 모발이 나는 작용을 가진 획기적인 것이기에 주목을 받았다.

한편, 미국에서 전립선 비대증 치료제로 개발된 프로페시아(propecia, 성분명 피나스테리드(finasteride)도 그 부작용으로 발모 효과가 발견되면서 큰 이슈가 된 의약품이다. 현재 이 약물은 우리나라를 포함해 세계 50여 개국에서 판매되는 등 의약적으로 발모효과가 검증된 최강의 발모제가 되었다. 하지만, 복용 측면에서 볼 때 프로페시아는 미노시딜과는 달리 외용제가 아닌 내복제이며 의사의 처방전이 필요한 조금은 불편한 약이긴 하다.

전 세계적으로 화제가 된 성기능장애 개선제인 비아그라(viagra)는 원래 심장병 치료제로 개발되던 약물이었다. 하지만 동물시험 즉, 비임상 단계에서는 심장병 치료효과가 인정되었지만 사람을 대상으로 하는 임상시험에서 효과가 낮아 개발을 중지하려던 시점에서 임상시험에 참여했던 발기부전 환자의 성기능이 회복되는 효과가 발견되어 그때까지 전혀 없었던 성기능장애 개선제로 그 개발방향이 변경되어 최초의 성기능장애 개선제가 되었다.

이처럼 삶의 질 개선제는 본래 의도한 약물 효능과는 전혀 다른 작용효과가 나타나면서 그 동안 마땅한 치료제가 없었던 분야에서 큰 기대효과를 인정받게 되었다. 하지만 앞서 설명한 과거의 삶의 질 개선제의 개발 과정과는 달리 현재 많은 제약사들은 처음부터 삶의 질 개선제를 개발하려는 목적으로 연구개발을 기획하고 있다. 앞으로 경구피임약이나 금연보조제, 치매치료제 등에서 혁신적인 약물들의 출시를 기대해 보자.

9-13. 당뇨병과 합병증 그리고 의약품

왜 인간은 당뇨병에 걸리는 것일까? 주된 이유는 사람의 몸에는 기아에 견딜 준비는 되어 있지만 과식에 견딜 수 있는 시스템은 갖추고 있지 않기 때문이 아닐까 생각한다.

사람은 진화적으로 굶주림을 극복하기 위해 신체가 보유한 에너지를 가능한 많이 비축하기 위한 탁월한 신체 구조를 가지는 방향으로 진화해 와서 현재를 사는 사람은 당연히 그 특성을 유전 받았을 것으로 여겨진다. 그 결과로 굶주림에서 살아남도록 적응해 온 사람은 몸이 현재와 같은 과식 혹은 포식시대의 지나친 칼로리 섭취에 적응하지 못해 당뇨병이 증가하고 있는 것은 아닐까? 일본의 경우, 40년 전과 비교할 때 당뇨병 환자가 40배나 증가하였다고 하니 식생활의 변화가 우리 인체에 얼마나 심각한 영향을 주는지를 알 수 있다. 하지만 비만율이 일본인보다 미국인이 훨씬 높다고 하지만, 당뇨병의 비율은 일본인이 훨씬 더 높다. 최근에 음식물을 효율적으로 이용하기 위해서 발현되는 유전자가 발견되기 시작하면서 그 비만과 당뇨병과의 관계가 밝혀지고 있는데 쉬운 설명으로 '절약 유전자'로 불리는 유전자가 서양인보다 일본인 대다수에 존재하고 있다는 보고이다.

혈당의 수치는 호르몬에 크게 영향을 받는 항상성이라는 측면에서 매우 중요하게 인체가 관리, 조절하고 있는 항목이다. 그런데 당뇨병에 걸리면 혈당 수치를 내리는 유일한 호르몬인 인슐린(insulin)의 분비량이 부족해 기능을 잘 하지 못하게 되어 혈당의 수치가 조절되지 못하고 올라가게 된다. 당뇨병이 '침묵의 살인자'라고 하는 별명을 가진 이유는 초기에는 거의 자각증상이 없기 때문이며 고혈당 상태에 있다는 것을 깨닫지 못하고 장기간 방치하기 되면서 심각한 합병증을 유발하기 때문이다.

당뇨병에 의한 3대 합병증은 시력이 저하되어 실명에까지 이르게 하는 '망막증', 신장의 기능이 저하되어 투석요법을 해야만 하는 '신부전증' 그리고 손과 발 저림이나 마비 등 다양한 증상을 나타내는 '신경장애'이다.

현재 당뇨병 치료제는 인슐린 주사 이외에 설포닐우레아(sulfonylurea)계 약물, 인슐린 저항성 개선제, 식후 과혈당 개선제 등이 있는데 이런 의약품은 당뇨병을 완치하기 보다는 혈당치를 정상상태로 유지시키기 위한 것들이다. 당뇨병은 혈당의 수치를 정상혈당으로 일정하게 유지시켜 합병증을 최소하거나 예방하기 위한 것이기 때문에, 생활습관, 즉 과식, 음주, 비활동 등의 개선과 함께 적절한 식사와 유산소 운동 등을 꾸준히 하는 것이 약물치료 만큼이나 중요하다.

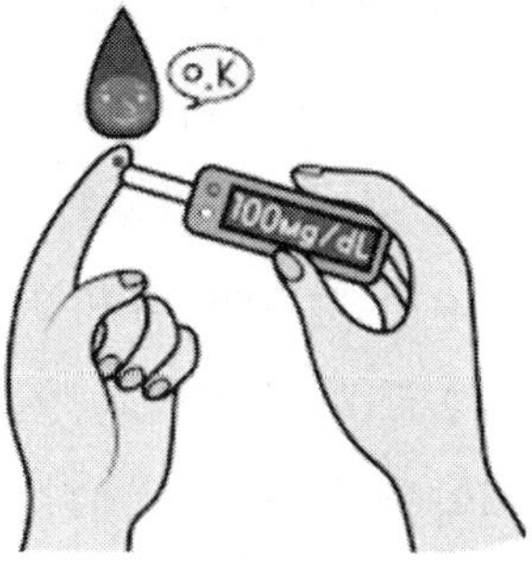

9-14. 제네릭 의약품

최근에 여러 매체를 통해서 ‘제네릭(generic) 의약품’이라는 말을 자주 접하게 된다. 제네릭 혹은 제네릭 의약품은 보통 ‘복제약’이라고도 불리는데 이것의 반대말이 신약(New drug)이기에 이를 구별하기 위한 용어라고 보면 될 것이다.

신약을 개발하기 위해서는 막대한 비용과 시간이 필요하다. 일반적으로 하나의 신약을 개발을 위해서는 평균적으로 7천 여 억 원의 연구개발비와 5~10년의 개발기간이 소요되는 것으로 알려지고 있다. 제약사는 이러한 비용과 시간을 들여서 신약을 개발하고 이에 대한 특허등록을 통해 독점권과 배타권을 가지고 판매를 결정한다. 따라서 신약을 개발한 제약사는 개발비용을 신약의 가격에 반영시키게 되고 그래서 신약의 가격이 비싼 것이다.

특허는 그 권리기간이 20년(신약의 경우는 출원 후 20년의 특허기간이외에 인허가에 소요된 기간을 고려하여 출원 후 20년 이상의 특허 존속기간을 가질 수 있음)의 독점 사용권이 부여되지만 그 기간이 만료되면 누구나 사용이 가능한 공지의 기술이 되기 때문에 많은 제약사들이 그 만료시점을 전후로 하여 신약과 동일한 기술을 적용한 복제약, 즉 제네릭 의약품의 출시를 계획한다. 이렇게 될 경우, 제네릭 의약품이 기존의 특허를 토대로 개발되었기 때문에 당연히 개발비용이 신약에 비해서 매우 적게 들기 때문에 신약과의 가격경쟁력

생겨 시장진입이 가능해 진다.

특허기간이 만료된 후, 동일한 성분의 제네릭 의약품 2개 이상이 시장에 진입할 수도 있다. 예를 들면 신약인 프라바스타틴(Pravastatin sodium, 상품명 : 메바로친(mevalotin))은 뛰어난 고지혈증 치료제인데 특허가 만료된 후, 10개 이상의 제약사에서 제네릭 의약품으로 출시되었다. 일반적으로 동일한 성분이고 효과도 동일하다면 환자 입장에서 싼 것을 사는 것은 당연한 일이 아닌가?

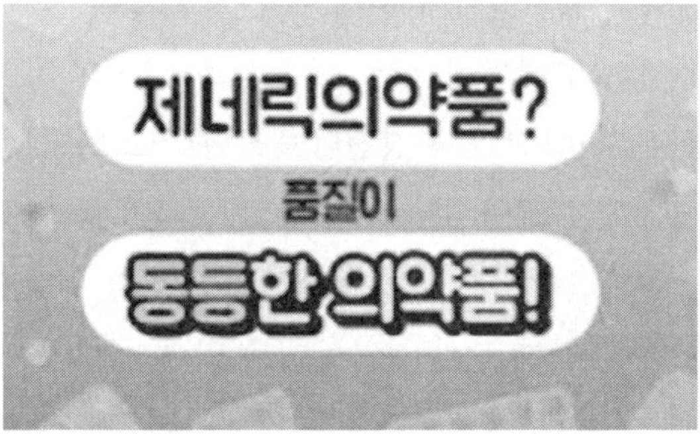

9-15. 가짜 신경전달 물질

술, 커피 그리고 담배는 합법적인 신경자극제이다. 이들은 뇌 활동을 적정한 수준으로 조절하여 정신적 활동을 강화하는데 도움을 주는데 우리는 이들은 흔히 '기호식품'이라고 부른다. 하지만 코카인, 리세르그산 디에틸아미드(LSD), 마리화나 같은 불법적인 신경자극제들은 정신적 활동을 강하게 하는 기능을 한다. 그래서 지속해서 복용하게 되면 이들의 의존성은 계속해서 높아진다. 이런 상태를 우리는 '약물 중독'이라고 한다.

최근 다양한 사회문제를 야기하는 각종의 환각제들이 특정한 신경전달물질과 구조가 같이 때문에 기존의 환각제처럼 동일한 환각현상을 유발시키다고 알려지고 있다. 우선 마리화나는 세로토닌과 필로폰처럼 도파민과 유사한 작용을 한다. 그 이유는 이들 물질이 생체 내 신경전달물질과 화학구조가 매우 유사하기 때문이다.

우리 몸은 정상적인 신경전달물질인 세로토닌 혹은 도파민 대신 이들 환각제와 마주치게 되면 장기간 동안 신경을 극도의 흥분상태로 전이시켜 정상적으로 느끼지 못했던 인공적인 정신 상태를 갖게 된다. 이 상태를 맞본 사람들은 다시 이런 정신상태를 찾기 위해 환각제를 계속해서 복용하게 되는 이른바 약물 중독이라는 악순환에 빠지기도 한다.

알콜과 담배 그리고 커피도 체내의 신경전달물질이 작용하는데 있어 영향을 끼친다. 알콜의 경우, 저 농도에서는 뇌의 활동을 증가시키기도 하지만 고농도에서는 대뇌피질의 정상적인 뇌 활동 능력을 낮춰 정신적인 불안감을 없애 주는 기능을 한다. 그래서 술을 마시면 내성적인 그리고 말 수가 적은 사람도 사회성이 높아지는 이유가 바로 여기에 있는 것이다. 담배에 있는 니코틴은 신경전달물질인 아세틸콜린의 수

용체에 결합하여 아세틸콜린처럼 작용해 뇌의 각성도를 높여 학습능력을 증가시키기도 한다. 하지만 이후, 각성도가 떨어지게 되면 이런 각성효과를 유지하기 위해 지속적인 흡연, 즉 니코틴 의존성이 높아져 중독에 빠질 수도 있다. 한편, 담배에는 니코틴 이외에 타르와 NO(nitric ocide) 등 이물질이 많이 함유되어 있는데 이 물질들이 폐를 손상시키고 혈액 속에서 산소운반을 방해하기 때문에 정신적인 문제뿐만 아니라 호흡기 손상도 유발시킨다. 커피나 여러 다른 카페인을 함유한 음료수도 신경자극을 유발시킨다. 뇌에서는 신경의 활성도를 낮추는 역할을 하는 신경전달물질로서 아데노신이라는 물질을 사용하는데 카페인이 이들의 기능을 방해하여 신경의 활성도를 높여 뇌를 흥분시킨다. 그래서 밤에 커피를 마시게 되면 잠이 오지 않는 이유가 바로 여기에 있다. 그런데 카페인의 이런 효과를 알아차린 우리 몸은 더 높은 뇌 활동을 가져가기 위해서 더 많은 카페인을 요구하게 되고 이렇게 되면 카페인 중독에 빠지게 되는 것이다. 그래서 만성적인 커피 애용자들이 잠시라도 커피를 마시지 못하면 불안감과 스트레스 그리고 피로감 등의 증상을 보이는 이유가 여기에 있기 때문이다.

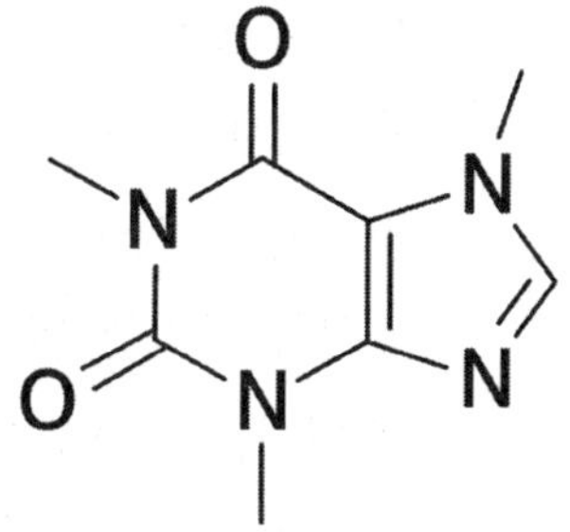

경쟁적이고 자동화된 그리고 개인화된 현대사회를 살아가는 사람들에게 우울증은 경계해야 하는 중요한 질병 중의 하

나다. 개인화된 현대사회라는 환경에서 우울한 기분이 드는 것은 어떻게 보면 당연한 현상일 듯싶다. 매우 어렵고 힘든 상황에 직면하게 되면 낙담하고 실망하고 그리고 우울감이 팽배해 진다. 하지만 이런 정신 상태는 병이 아니라 자연스러운 뇌의 반응이며 현상이다. 문제는 특별한 이유 없이 만사가 귀찮고 우울해지는 경우이다. 나와 밀접하게 관련된 부모님 사망, 성적 하락, 질병 발생, 이성 문제 등의 문제들이 장기간의 우울한 환경을 조성시켜 신경전달물질인 세로토닌의 생성과 분비를 방해시켜 나타나는 것이 우울증이다. 세로토닌을 보강한 약물인 프로작(prozac)이 일시적으로 우울증 증세를 완화시키는 것으로 알려져 많은 환자들이 이 약에 의존하고 있다. 실제로 미국에서 가장 많이 팔리는 우울증 치료약이 프로작일 정도이니 현대인에게 우울증은 멀리 있지 않다.

우울증은 문명의 발생과 함께하고 있다. 나 자신과 주변의 사람들이 오랫동안 우울한 환경에 노출되지 않도록 관심을 갖는 것이 무엇보다 중요하다.

9-16. 주근깨는 우성 형질이고 백색증은 열성 형질이다

우성 형질이라는 말은 열성 형질에 비해서 정상이거나 더 흔한 의미가 아니다. 우성이란 이형 접합체(Aa)에서 드러나는 형질을 말하는 것일 뿐이다. 반면 열성 대립유전자의 표현형은 열성 동형 접합체(aa)에서만 나타난다. 열성 형질이 실제로 해당 집단에서 우성 형질보다 더 흔한 경우도 있다. 예를 들면 주근깨(열성 형질)가 없는 사람이 있는 사람보다 더 많다. 돌연변이 형질이라는 말은 자연 상태에서 더 적게 나타나는 형질을 의미한다.

우성(優性) 열성(劣性)

사람에게 나타나는 수천 종의 유전질환은 열성이다. 이러한 유전병은 백색증(색소결핍)처럼 비교적 덜 심각한 질병에서부터 테이-삭스병(Tay-Sachs)처럼 생명을 위협하는 질병에 이르기까지 매우 다양하다. 우성 표현형은 우성 동형접합자(AA) 또는 이형 접합자(Aa)에게서 나타난다. 하지만 열성 표현형은 열성 동형 접합자(aa)에서만 발생한다. 대부분의 열성 유전 질환을 가진 사람은 양쪽 모두 이형 접합체인 정상 부모에게서 태어난다. 즉 부모는 질병의 원인이 되는 열성 대립유전자를 갖고 있는 보인자(carrier)이지만 표현형은 정상이다.

유전법칙을 적용하면 두 보인자가 결혼했을 때 질병에 걸린 자손이 태어날 확률을 알 수 있다. 백색증에 대해 이형접합 보인자(Aa)인 두 사람이 아이를 한 명 낳는다고 가정해 보자. 이 아이가 백색증을 나타낼 확률은 얼마인가? 보인자 두 명 사이에서 아이가 열성 대립유전자 2개를 물려받을 확률은 1/4이다. 즉 이들이 결혼해 아이를 낳으면 자식 4명 가운데 한 명 정도는 백색증을 가질 것으로 예측할 수 있다. 물론 정상 피부색을 가지는 아이는 2/3의 확률로 보인자(Aa)라고 말할 수 있다. 다시 말해 정상 피부색인 아이 세 명 가운데 두 명은 백색증 보인자일 것이다.

해로운 대립유전자는 대부분이 열성이지만, 상당수 사람의 유전 질환이 우성 대립유전자 때문에 발생한다. 그 중 일부는 다지증(polydactyly)으로 불리는 것으로 손가락이나 발가락이 하나 이상 더 있다든지 기형적으로 생긴 손가락과 발가락을 갖는 등 생명에는 지장이 없는 것들이다. 조금 더 심각한 우성 질환들에는 난쟁이증인 연골무형성증(achondroplasia)이 있는데 머리와 몸통은 정상적으로 발달하지만 팔, 다리가 짧은 질환이다. 동형 접합(AA)인 우성 유전자를 가지면 배아상태에서 죽기 때문에 잘못된 대립유전자를 하나만 갖고 있는 이형 접합체(Aa)만이 이 질환을 갖고 태어난다. 따라서 집단 내 99.99% 이상을 차지하는 연골무형성증을 갖지 않은 모든 사람은 열성 대립유전자를 2개 갖고 있는 동형접합(aa)이다. 이 예는 한 집단 내에서 우성 대립유전자가 그 에 상응하는 열성 대립유전자보다 반드시 더 흔한 것은 아니라는 것을 확연히 보여주는 사례다.

사실 치명적인 질환의 원인인 우성 대립유전자는 치명적인 열성 대립유전자보다 훨씬 드물다. 이는 치명적인 우성 대립유전자는 그 개체에 영향을 미치지 않으면서 이형접합으로 전달될 수가 없기 때문이다. 많은 치명적인 우성 대립유전자는 정자나 난자에서 생긴 돌연변이에 의해 시작되는데, 이런 경우 수정된 배는 생존하지 못한다. 태어난다 하더라도 자녀를 갖지 못할 만큼 오래 살지 못하기 때문에 치명적인 대립유전자를 다음 세대로 전해주지 못한다. 이와 반대로 치명적인 열성 돌연변이는 질환이 없는 건강한 이형접합체인 보인자를 통해서 그 유전자 형질이 자손 대대로 전달된다. 하지만 치명적인 우성 대립유전자라고 하더라도 환자의 나이가 어느 정도 될 때까지 질병으로 인해 죽지 않는다면 그 대립유전자는 제거되지 않을 수도 있다. 35~45세가 될 때까지 증세가 나타나지 않는 신경계 퇴행성질환인 헌팅턴병(Huntington's disease)이 그 예다. 이 질병은 일단 신경계가 퇴화되기 시작하면 회복이 불가능하여 치명적인 결과를 초래할 수밖에 없다. 헌팅턴병의 대립유전자는 우성이므로 이 대립유전자를 가진 부모에게서 태어난 아이가 그 대립유전자와 질병을 가질 확률은 50%이다. 이 예는 우성 대립유전자가 그에 상응하는 열성 대립유전자보다 반드시 '더 좋은' 것은 아니라는 것을 보여준다. 비교적 최근까지는 어떤 사람이 헌팅턴병 증세를 나타낼 때에야 비로소 그 질환의 대립유전자를 물려받았다는 것을 알 수 있었다. 하지만 이제는 상황이 달라져 개인 유전체분석을 통해서 헌팅턴 대립유전자의 존재 여부를 검사할 수 있는 유전자검사법으로 해당 유전자의 문제를 사전에 진단할 수 있다.

9-17. 비능률적인 것이 더 좋은 경우, 갈색지방

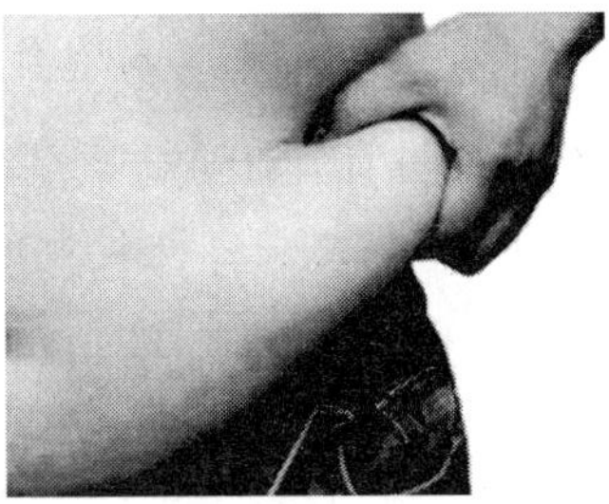

전자전달이 양성자 기울기를 만들어낼 때에는 생성되는 일부 에너지가 열의 형태를 취한다. 에너지가 열로 발생되는 것이 생물체에 유용한 상황은 두 가지가 있다. 추위에 떨지 않게 하려는 열 발생과 음식을 먹어서 생기는 열 발생이다. 동물이 일단 추위에 적응하게 되면 추위에 떨지 않게 하려는 이런 열 발생작용으로 추위에서 살아남을 수 있다. 그리고 음식을 먹어서 생기는 열 발생 작용 때문에 오랫동안 음식을 많이 먹고 지낸다 해도 비만으로 발전되지 않는다. 다시 말해 음식물 분자가 지방으로 저장되는 대신 대사됨으로써 열로 발생되는 것이다. 이 두 과정은 생화학적으로 동일할 것이다. 이 과정들은 갈색 지방조직에서 주로 일어나는데, 사실 이 곳에서

만 일어나는 것은 아니다. 이 갈색지방조직(brown adipose tissue, BAT)은 대비되는 조직인 흰색 지방세포보다 미토콘드리아가 더 많다.

갈색 지방조직에서 이와 같은 '비능률적인' 에너지 사용의 열쇠는 열 발생 단백질인 '써모제닌(thermogenin)'이라 불리는 미토콘드리아 단백질이다. 이 단백질은 '동반 작용 억제단백질(uncoupling protein)'이라 불린다. 이것은 막 단백질로서 열 발생 과정에서 활성화되면 미토콘드리아 내막에서 양성자 통로로 작용한다. 이것은 다른 모든 동반 작용 억제제처럼 미토콘드리아 막에 구멍을 내서 양성자 기울기의 효과를 감소시킨다. 양성자는 ATP 생성 효소복합체를 우회하여 열 발생 단백질을 통해 미토콘드리아 기질로 되돌아 흘러 들어온다.

사람에서는 갈색 지방조직의 생리학 연구는 거의 수행되지 않았다. 추위 스트레스에 대한 적응, 비만 등에 관한 대부분의 연구는 쥐, 생쥐, 햄스터와 같은 작은 포유동물에서 이뤄져 왔다. 사람의 비만이나 비만 방지에 갈색 지방 축적물이 하는 역할이 있다면 그것이 무엇인지는 연구자들이 아직 풀지 못한 숙제이다.

최근에는 비만에 관여된 동반 작용 억제단백질을 암호화하는 유전자를 확인하는데 많은 노력을 기울이고 있다. 이 연구의 최종 목표는 비만과 싸우기 위하여 그 조절작용을 바꾸는 단백질이나 약을 개발하는데 있다. 일부 연구자들은 '유아 돌연변이증후근(sudden infant death syndrome, SIDS)'이 갈색 지방조직과 연관되어 있다는 결과를 보고하였다. 이것은 갈색 지방조직이 결핍되었거나 이 조직이 정상적인 지방조직으로 너무 일찍 전환되면 체온이 떨어지게 되어 중추신경계에 영향을 미칠 수 있다는 추론이다. 아무튼, 우리가 별로 관심을 갖고 있지 않던 지방조직의 비밀이 하나 둘씩 밝혀지고 있다.

9-18. 염증반응이란 손상된 조직을 소독하는 것이다?

벌레에 물리고 난 피부는 어떤가? 상처부위는 빨갛게 부어오르며 주변 부위보다 따뜻해진다. 즉 우리 몸의 선청성 면역체계 중 중요한 요소인 염증반응(Inflammatory Response)을 경험하고 있는 것이다. 곤충에 물리거나, 미생물에 의한 감염이든, 칼에 베이든, 물리적 손상에 의한 것이든, 모든 종류의 조직 손상은 염증반응을 유도한다.

염증반응의 주요 목적은 감염된 조직을 살균하고 청소하는 것이다. 송곳에 찔린 피부에 박테리아가 감염되었을 때를 가정해 염증반응 과정을 살펴보자. 박테리아는 대식세포를 활성화시켜 이 대식세포가 주변의 모세혈관의 혈류를 증가시키는 물질을 분비하도록 한다. 상처부위에서 비만세포(mast cell, 일종의 백혈구)가 히스타민을 분비한다. 히스타민은 주변의 모세혈관을 확장시켜 혈관벽으로 혈액이 누출되기 쉽게 한다. 따라서 모세혈관에서 혈액이 빠져나와 주변 조직으로 스며들게 된다. 혈액의 혈액응고 단백질이 세포사이액으로 이동하게 된다. 혈소판과 함께 혈액응고 단백질은 국소적으로 혈전을 만들어 상처 부위를 봉해 주변 조직으로 혈액이 확산되는 것을 막고 상처 부위의 재생이 시작될 수 있게 한다. 한편, 박테리아에 의해서 활성화되는 보체단백질이 식세포를 상처 부위로 유인한다. 느슨해진 모세혈관 벽 사이를 통해 많은 백혈구가 혈액에서 빠져나와 송곳에 찔린 조직으로 이동한다. 이러한 국소적인 혈류증가, 혈장 및 백혈구 세포의 증가는 발진(redness), 열감(heat), 및 부기(swelling) 등의 특징적인 염증반응을 나타낸다. 상처 부위로 모인 호중구(백혈구)가 박테리아와 박테리아에 의해 죽은 세포 잔해(물)를 죽이거나 분해해서 처리한다. 많은 호중구가 이 과정에서 죽고, 그 잔해도 잡아 먹혀 소화된다. 상처 부위에 흔히 볼 수 있는 고름(pus)는 주로 죽은 백혈구와 모세혈관에서 새어나온 체액 그리고 죽은 박테리아 잔해물로 이뤄진 것이다.

염증은 자연스러운 방어과정이지만 비정상적으로 오랫동안 지속되는 만성적인 염증은 위험할 수 있다. 관절염, 심장병, 알츠하이머병, 일부 암 등 만성적인 염증이 이러한 질병의 발생에도 많은 부분에서 관련되어 있다. 염증반응은 부분적일 수도 있고 온몸에 걸쳐 넓게 퍼질 수도 있다. 미생물은 직접적으로 혈액으로 침입하거나 혈류를 통해 전신에 영향을 주는 독소를 생산할 수도 있다. 우리 몸은 다양한 방어 메커니즘으로 대응할 수 있다. 예를 들면 수 시간 내에 혈액을 떠도는 백혈구의 수가 몇 배나 증가할 수 있다. 따라서 백혈구 수의 증가는 감염을 진단하는 한 가지 방법이 되기도 한다. 전신 감염의 또 다른 반응은 열(fever)이다. 독소 자체가 열을 유발할 수도 있고 대식세포가 우리 몸의 온도계를 높게 올리는 물질을 생산하기도 한다. 매우 높은 고열은 위험하지만 어느 정도의 열은 식세포 작용을 활발하게 하고 조직의 재생을 촉진시킨다. 아스피린, 이부프로펜과 같은 항염증제는 정상적인 염증반응을 약화시켜 붓기와 열을 낮춰 준다.

어떤 세균의 감염은 아주 심각한 전신 염증반응을 유도하여 패혈증(septic shock)을 유발한다. 패혈증은 전신의 모세혈관에 작용하여 조직으로 체액이 모이고 혈압이 낮아져 신체 중요 장기로의 혈액 순환이 어려워져 장기부전에 이르게 한다. 국소적 염증반응은 치료를 위해 반드시 필요한 단계이지만 만성적이거나 광범위한 염증은 사망까지 이르게 될 정도로 치명적일 수 있다.

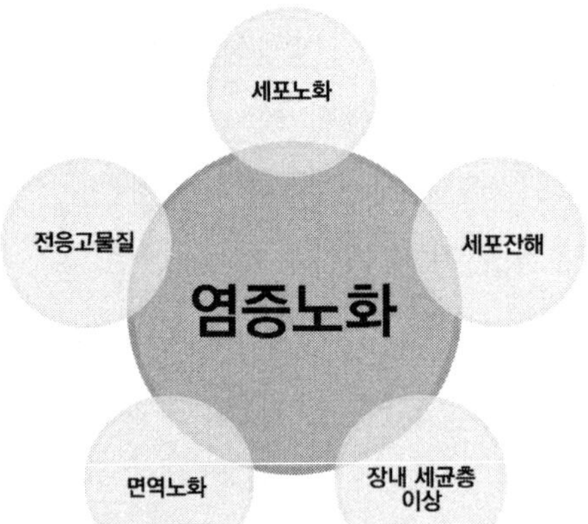

생명과학과

학과소개

생명과학은 지구에 존재하는 수많은 동물과 식물, 그리고 눈에 보이지 않는 미생물까지 모든 생명체를 대상으로 생명현상에 대하여 연구합니다. 의약, 농학, 수산학, 식품영양학, 유전공학, 에너지공학, 환경공학 등 다양한 응용분야의 기초가 되며, 질병 극복, 식량문제, 환경문제 등 인류가 가진 다양한 문제에 대한 해결 방법을 모색할 수 있는 종합학문입니다. 생명과학과에서는 근본적인 생명 현상의과정을 이해하여 의료, 산업 그리고 환경 연구와 사업에 폭넓게 적용시킬 수 있는 핵심적인 지식을 연구하고 교육합니다.

적성 및 흥미

- 기초 자연과목에 흥미와 생명현상에 관심
- 자연법칙과 과학적 연구방법을 이해하고 적용할 수 있는 추론적 판단력 필요
- 생명현상을 객관적으로 보는 관찰력, 논리적 사고, 도전정신, 분석력

관련학과

생명과학과/생명공학과, 생물학과/생물공학과, 분자생물학과, 유전공학과, 미생물학과, 바이오산업학과, 의생명과학과, 의약바이오학과

취득자격

국가자격

대기환경산업기사/대기환경기사
수질환경산업기사/수질환경기사
폐기물처리산업기사/폐기물처리기사
식물보호산업기사/식물보호기사
종자산업기사/종자기사
자연생태복원산업기사/자연생태복원기사
생물공학기사
수산질병관리사
생물분류기사

식품산업기사/식품기사

진출직업

변리사, 생명정보학자, 특허사무원, 의약품영업원, 의약품품질관리원, 의약품인허가전문가

생물학연구원, 약학연구원, 의학연구원, 수산학연구원, 생명과학시험원, 환경영향평가원

나노공학기술자, 식품공학기술자, 재료공학기술자, 환경공학기술자

진로정보망 커리어넷(www.career.go.kr)

참고도서

- 게놈혁명/이민섭/2018년/엠아이디
- 바이오사이언스의 이해/이기형 외/2017년/바이오스펙데이터
- 바이오의약품의 시대가 온다/김시언 외/2021년/청년의사
- 생명공학의 세계(4판)/방원기/2018년/라이프사이언스
- 생명과학 강의노트/이우성/2015/(주)바이오사이언스출판
- 생명의 원리(3판)/김원 외/2020년/라이프사이언스
- 생활 속의 생명과학/김재근 외/2016년/(주)바이오사이언스출판
- 스무살 나의 비전/이의용/2015년/학지사
- 유전자 클로닝과 DNA 분석(6판)/이병무 외/월드사이언스
- 유전체, 다가온 미래 의학/김경철/2018년/메디게이트뉴스
- 인류의 미래를 바꿀 유전자 이야기/김경철/2020년/세종
- 최신 생명공학의 이해(4판)/이진성 외/2020년/바이오사이언스출판
- 호모데우스/유발 하라리/2017년/김영사
- RAVEN 생명과학(12판)/유시욱 외/2020년/교문사

찾아보기

국문색인

ㄱ

ㄴ

ㄷ

ㄹ

ㅁ

ㅇ

ㅈ

기타

영문색인

A

Z